智能制造工业软件应用系列教材

# 数字化产品设计开发

## （上　册）

胡耀华　梁乃明　总主编
秦斐燕　印亚群　编　著

机械工业出版社

本书以 Windows10 操作系统下的西门子 NX1847 软件为基础，由浅入深地介绍了西门子产品解决方案的核心——产品的数字化造型、简单的物理层次验证，具体内容包括概述，NX 软件简介，NX CAD 软件的基本操作、建模基础、实体特征、同步建模、装配功能，以及机械零件设计，工程制图等。通过本书的学习，可以提高读者的产品设计能力，主要包括设计概念的建立、三维建模及文档输出等。

本书中列举了大量应用实例，读者若需要其中的素材模型，可登录机工教育服务网自行下载。

本书不但可以作为普通高等院校或高职院校智能制造、机械工程及其自动化、车辆工程及工业设计等专业的教材，也可作为产品设计师学习 NX 软件辅助产品设计与建模的自学教程和参考书。

**图书在版编目（CIP）数据**

数字化产品设计开发：上册/胡耀华，梁乃明总主编；秦斐燕，印亚群编著. —北京：机械工业出版社，2022.3
智能制造工业软件应用系列教材
ISBN 978-7-111-70260-3

Ⅰ.①数… Ⅱ.①胡… ②梁… ③秦… ④印… Ⅲ.①工业产品-产品设计-计算机辅助设计-应用软件-高等学校-教材 Ⅳ.①TB472-39

中国版本图书馆 CIP 数据核字（2022）第 032421 号

机械工业出版社（北京市百万庄大街 22 号 邮政编码 100037）
策划编辑：赵亚敏　　　　　责任编辑：赵亚敏
责任校对：梁　静　刘雅娜　封面设计：王　旭
责任印制：常天培
北京机工印刷厂印刷
2022 年 4 月第 1 版第 1 次印刷
184mm×260mm·13.25 印张·326 千字
标准书号：ISBN 978-7-111-70260-3
定价：49.00 元

电话服务　　　　　　　　　网络服务
客服电话：010-88361066　　机 工 官 网：www.cmpbook.com
　　　　　010-88379833　　机 工 官 博：weibo.com/cmp1952
　　　　　010-68326294　　金 书 网：www.golden-book.com
**封底无防伪标均为盗版**　机工教育服务网：www.cmpedu.com

# 前　言

当前，新一轮科技革命和产业变革蓄势待发，我国处于经济提质增量的关键时期。如何抓住新科技革命和产业变革的"机会窗口"，利用智能制造、新一代信息技术、新能源等创新技术，降低产品从设计到生产，再到售后环节的人力和能源消耗，提升生产资料和生产要素的配置水平，提高产品质量与生产率，是我国迈向工业强国必须思考的问题。德国工业4.0 为我们提供了一个参考思路，是代表性的 Siemens PLM Software 公司（前身为 Unigraphics NX）的产品解决方案为我们提供了一个可参照的样本。

本书介绍的 NX 软件是 Siemens PLM Software 公司出品的一个产品工程解决方案，它针对用户的虚拟产品设计、工艺设计和加工过程的需求，可提供数字化造型和经过实践验证的解决方案。NX 软件构建在西门子的全息 PLM 技术框架之上，可以提供可视化程度更高的信息及其分析，从而改善协同和决策过程，借助于设计、仿真和制造的新工具和扩展功能，帮助用户开发出更具创新性的产品，将生产效率提升到新的水平。西门子 NX 软件包括了强大而广泛的产品设计应用模块，可将用于准备和解算分析模型的时间缩短 70%。NX 产品开发解决方案完全支持制造商所需的各种工具。因此，NX 软件被广泛用于航空航天、自动化、机械、汽车、电子、钣金、模具、家用电器等制造行业，是目前应用最广泛的三维设计软件之一。

本书第 1 章对产品的数字化设计做了简单的综述，主要介绍了产品数字化开发的内容、开发过程、现代产品开发技术的发展趋势。第 2 章主要从 NX 软件的概述、主要特点、安装、修改与卸载及如何使用帮助几方面对 NX 软件做了初步的介绍，为后续 NX 软件的使用奠定了基础。第 3 章到第 9 章结合具体实例，分别从基本操作、建模基础、实体特征、同步建模、装配功能、机械零件设计（螺栓与螺母设计、齿轮设计）和工程制图几个方面由浅入深地对 NX CAD 软件的主要功能模块的使用做了介绍。

本书中列举了大量应用实例，读者若需要其中的素材模型，可登录机工教育服务网自行下载。

本书是智能制造工业软件应用系列教材中的一本，本系列教材是在东莞理工学院马宏伟校长、西门子（中国区）赫尔曼总裁的关怀下，结合西门子 PLM 软件公司多年在产品数字化开发过程中的经验和技术积累编写而成。本系列教材由东莞理工学院胡耀华和西门子公司梁乃明任总主编，本书由东莞理工学院秦斐燕和西门子 PLM 软件公司印亚群共同编著。感谢东莞理工学院任斌教授在成书过程中给予的统筹指导；感谢东莞理工学院智能制造专业2016 级、2017 级和 2018 级学生在课堂和课后对本书的反馈意见。虽然编者在本书的编写过程中力求描述准确，但由于水平有限，书中难免有不妥之处，恳请广大读者批评指正。

最后，再次希望本书能为读者的学习和工作带来帮助。

编　者

# 目　录

# 第1章

# 概　述

## 1.1　产品的数字化开发内容

产品的数字化开发内容主要包括：数字化定义、数字化装配、数字化仿真分析和数字化加工四个方面[1]。

### 1. 数字化定义

全生命周期的产品数字化定义模型包括产品的几何信息和非几何信息。几何信息包括产品的实体建模、特征建模等三维模型数据；非几何信息包括产品结构树（Product Structure Tree，PST）、设计文件、计算报告、工艺文件和 NC 程序等。为便于产品全生命周期各阶段信息的管理和共享，必须建立一个从整个产品到部件、零件的产品结构树，通过定义产品名称、类型、生成方式、存储方式等来实现与产品结构树的对应。这种关系模型由产品结构树来建立。

### 2. 数字化装配

产品数字化装配是在产品数字化定义的基础上利用计算机仿真技术模拟产品的装配过程，主要用于产品开发过程中的装配干涉检查、装配及拆卸工艺路径规划等。采用数字化装配技术可以有效地评价产品的可装配性，减少因设计原因造成的更改或返工，从而改善产品的可装配性，显著降低研制成本，缩短研制周期，提高产品的竞争能力。通过产品数字化装配协调结构设计和系统设计，检查零件安装和拆卸情况。数字化装配技术涉及特征技术、仿真技术、计算机可视化技术、知识工程、CAD/CAM 系统集成技术等多个领域。

### 3. 数字化仿真分析

数字化仿真分析是对数字模型进行仿真，获得与物理系统有相似特性的仿真结果。对于复杂系统，可以通过计算机对系统的数学模型进行研究，根据模型设计系统中变量的变化，获得系统输出变量特征的仿真结果。

### 4. 数字化加工

可加工性应在考虑产品设计可行性之前考虑。零件设计的任何加工缺陷都会导致反复设计和昂贵的制造成本（模具成本、工艺成本等）。采用计算机模拟实际加工时的路径和轨迹，在设计阶段即考虑产品的可加工性，这样可以有效地提高设计效率，降低制造成本，提高产品质量。

## 1.2　产品的数字化开发过程

产品的数字化开发过程是指从产品需求分析到产品最终定型的全过程，其一般流程如图 1-1 所示。

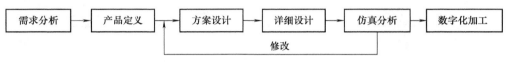

图 1-1　产品数字化开发过程

与传统设计相比，数字化设计开发过程具有以下特点：

（1）广泛采用 CAX 工具　包括计算机辅助设计（Computer Aided Design，CAD）、计算机辅助工程（Computer Aided Engineering，CAE）和计算机辅助制造（Computer Aided Manufacturing，CAM）软件。其中，CAD 软件主要包括 AutoCAD、NX、Creo、CATIA、SolidWorks 等；CAE 软件主要包括 Ansys、Adams、Matlab，以及 CAD 软件本身的集成；CAM 软件包括 MasterCAM、Cimatron、EdgeCAM、Powermill 等，以及 CAD 软件自带的 CAM。

（2）面向产品的全生命周期　即在产品设计阶段对零件或部件的可装配性、可制造性、功能性等进行评价诊断。

（3）基于知识的设计　在设计中需要用到有限元分析、机电一体化设计等工具，需要有强大的相关背景知识与有限元分析、机电一体化仿真与分析等知识的支撑。

（4）设计的跨地域性、并行性与协同性　数字化的设计支持基于通信网络的多阶段（三维设计、有限元分析、机电一体化仿真等）的机械设计工程师、电气工程师、自动化工程师采用多级流水线式协同工作，提高工作效率。

表 1-1 为传统产品设计与数字化产品设计与开发的区别。

表 1-1　传统产品设计与数字化产品设计与开发的区别

| 内容 | 设计过程 | |
| --- | --- | --- |
| | 传统设计 | 数字化设计与开发 |
| 设计方式 | 手工绘图 | 计算机绘图 |
| 设计工具 | 绘图板、丁字尺、圆规、铅笔、橡皮等 | 计算机、网络、CAX 软件、绘图机、打印机等 |
| 产品表示 | 二维工程图样、各种明细表等 | 三维 CAD 模型、二维 CAD 电子图样、BOM 等 |
| 设计方法 | 经验设计、手工计算、封闭收敛的设计思维 | 基于计算机的三维建模与工业造型设计、基于有限元的可靠性分析与优化设计、基于机电一体化的动态设计与功能分析等 |
| 工作方式 | 串行设计、独立设计 | 并行设计、协同设计、跨地域设计 |
| 管理方式 | 纸质图档、技术文档管理 | 基于产品数据管理（Product Data Management，PDM）的产品数字化管理 |
| 仿真方式 | 物理样机 | 物理样机、数字样机 |
| 特点 | 从设计到物理样机不断迭代修正由个人经验、手工计算带来的设计错误，设计周期长，成本高 | 形象直观，基于虚拟的外观设计、干涉检查、强度分析、动态模拟、优化分析等手段实现，设计周期短、错误少、成本低 |

## 1.3 现代产品开发技术的发展趋势

随着人们对高品质生活追求的发展，技术的革新与市场竞争日益激烈，产品的技术含量和复杂程度都在不断提升，如何利用计算机、通信网络和人工智能等技术提升产品的竞争力，是未来智能制造面临的主要问题。可以看到，当前产品开发技术的发展呈现出以下趋势：

（1）数字化 现代产品开发技术可在计算机上完成产品的开发，通过对产品模型的分析，改进产品设计方案。在数字状态下进行产品的虚拟试验和制造，再对设计方案进行改进，这样的产品数字化开发技术变得越来越重要。

（2）并行化 现代产品开发技术通过网络技术使异地的设计师、工程师协同工作，使产品的设计开发并行进行，有效地提高设计效率，缩短产品设计、制造与上市的生命周期，降低从设计到制造的能源与人力消耗。

（3）智能化 现代产品开发技术将知识工程和计算机辅助设计理论相结合，不仅能用实物的几何特征参数控制产品模型，还能将设计人员在设计过程中采用的设计思想、准则、原理等以显性的知识表达出来，比传统产品建模技术更能体现产品特点，更能满足现代设计的需求。

（4）集成化 现代产品开发技术支持产品全生命周期的综合性设计与开发，利用并行开发优势，从顶层设计角度充分利用 CAD、CAM 和计算机辅助过程规划（Computer Aided Process Planning，CAPP）系统，对产品开发与设计系统进行有效集成。

## 思考与练习题

1. 什么是全生命周期的产品数字化？
2. 数字化开发的内容都有哪些？
3. 简述产品的数字化开发过程。

# 第 2 章

# NX软件简介

## 2.1 NX 软件概述

NX 是 Siemens PLM Software 公司（前身为 Unigraphics NX）出品的一个产品工程解决方案，针对用户的虚拟产品设计、工艺设计与加工过程的技术需求，可提供经过实践验证的数字化造型和验证手段解决方案。NX 软件基于西门子全息 PLM 技术框架，可以管理生产和系统性能知识，根据已知准则来确认每一个设计决策，通过过程变更来驱动产品革新，综合了设计、仿真和制造的新工具和扩展功能，具有可视化程度更高的信息分析能力，从而改善协同和决策过程，将整个产品开发过程中的生产效率提升到新的水平，帮助用户开发出更具创新性的产品。

NX 综合集成了自动化、机械、电子领域的需求，广泛应用于航空航天、汽车、家用电器等制造行业的模型设计和机电一体化概念设计（Mechatronics Concept Designer，MCD）仿真。其主要功能包括：工业设计、产品设计、数字控制（Numerical Control，NC）加工和模具设计四个方面。例如，工业设计方面，NX 为那些培养创造性和产品技术革新的工业设计和风格提供了强有力的解决方案。利用 NX 建模，工业设计师能够迅速建立和改进复杂的产品形状，并且使用先进的渲染和可视化工具来最大限度地满足设计的审美要求。

## 2.2 NX 软件的主要特点

NX 具有人性化的操作界面、完整统一的全流程解决方案、数字化仿真、验证和优化功能。其特点体现在以下三个方面：

（1）产品设计　NX 包括了强大而广泛的产品设计应用模块，如高性能的机械设计和制图模块、专业的管路和线路设计系统、钣金模块、专用塑料件设计模块和其他行业设计所需的专业应用程序。这些为制造设计提供了高性能和灵活性，以满足客户设计复杂产品的需要。

（2）仿真效率　NX 可将用于准备和解算分析模型的时间缩短 70%。借助 NX 仿真，可以对模型进行快速构建、更新和仿真分析，做出更明智的工程决策从而快速地提供更好的产品。NX CAE 提供了用于优化和多物理场分析的新解决方案，以及用于分析复杂装配模型的新方法。NX Nastran 软件包括对非线性分析和动态分析的多项改进，并且提升了计算性能和建模易用性。

（3）开发解决方案　NX 产品开发解决方案支持制造商所需的各种工具，可用于管理过程并与扩展的企业共享产品信息。NX 与 Siemens NX PLM 的其他解决方案的完整套件可无缝结合。这对于 CAD 、CAM 和 CAE 在可控环境下的协同、产品数据管理、数据转换、数字化实体模型和可视化都是一个补充。NX 的主要客户包括通用汽车、通用电气、福特、波音麦道、洛克希德、劳斯莱斯、普惠发动机、日产和克莱斯勒等。几乎所有飞机发动机和大部分汽车发动机都采用 NX 进行设计，充分体现了 NX 在高端工程领域的强大实力。NX 在高端工程领域可与 CATIA 并驾齐驱。

## 2.3　NX 软件的安装

### 2.3.1　环境需求

NX 软件的安装需要 64 位操作系统，支持 Windows7、Windows8、Windows10 系统，不支持 XP 系统。计算机内存（RAM）要求 4G 及以上。安装 NX 软件之前，首先需要安装 Java 软件。Java 的软件包名称可为 "Java9.0_Win64" 或 "jdk-8u161-Windows-x64"，右键选中该文件以管理员身份运行即可进行安装。

NX 软件的安装分为许可证安装与 NX 软件安装两个部分，本书以 Windows10 系统下 NX1847 软件（以下简称 NX 软件）的操作为例进行讲解。

### 2.3.2　许可证安装

1）打开 license 文件（NX8.5_combined_ugslmd_DEMO.txt），如图 2-1 所示，将 "YourHostname" 替换成本机名（即计算机名称）并保存。

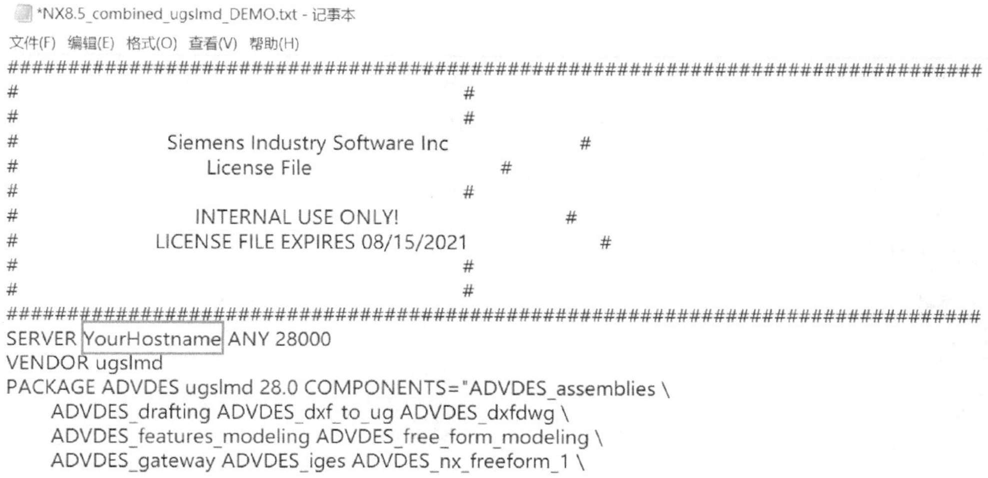

```
 *NX8.5_combined_ugslmd_DEMO.txt - 记事本
文件(F)  编辑(E)  格式(O)  查看(V)  帮助(H)
######################################################################
#                                      #
#                                      #
#          Siemens Industry Software Inc          #
#             License File              #
#                                      #
#             INTERNAL USE ONLY!             #
#          LICENSE FILE EXPIRES 08/15/2021          #
#                                      #
#                                      #
######################################################################
SERVER YourHostname ANY 28000
VENDOR ugslmd
PACKAGE ADVDES ugslmd 28.0 COMPONENTS="ADVDES_assemblies \
    ADVDES_drafting ADVDES_dxf_to_ug ADVDES_dxfdwg \
    ADVDES_features_modeling ADVDES_free_form_modeling \
    ADVDES_gateway ADVDES_iges ADVDES_nx_freeform_1 \
```

**图 2-1　许可证文件**

最新版本中的 license 文件名为：NX1872_TC12_combined_ugslmd_DEMO. txt。

2）打开软件安装包文件夹，左键双击图 2-2 中的"SPLMLicenseServer_v8. 2. 0_win64_setup"文件。

| 名称 | 修改日期 | 类型 | 大小 |
|---|---|---|---|
| docs | 2016/7/31 星期... | 文件夹 | |
| nx110 | 2016/7/31 星期... | 文件夹 | |
| autorun | 2016/7/15 星期... | 安装信息 | 1 KB |
| demo32 | 2001/11/14 星期... | 应用程序 | 440 KB |
| getcid | 2016/6/27 星期... | 应用程序 | 2,213 KB |
| Install.dbd | 2016/7/15 星期... | DBD 文件 | 159 KB |
| Launch | 2001/11/14 星期... | 应用程序 | 124 KB |
| Launch | 2016/7/15 星期... | 配置设置 | 1 KB |
| nx | 2004/7/13 星期... | 看图王 ICO 图片... | 25 KB |
| README | 2016/7/26 星期... | 文本文档 | 2 KB |
| SPLMLicenseServer_v8.2.0_win64_setup | 2016/7/14 星期... | 应用程序 | 15,844 KB |

**图 2-2　许可证安装文件**

3）选择"简体中文"，如图 2-3 所示，然后单击"确定"按钮。

4）如图 2-4 所示，单击"下一步"按钮，继续安装。

5）选择安装目录，如图 2-5 所示，然后单击"下一步"按钮，继续安装。

6）如图 2-6 和图 2-7 所示，选择 license 文件（文件名为：NX8. 5_combined_ugslmd_DEMO. txt），单击"下一步"按钮，继续安装。

**图 2-3　许可证安装（一）**

**图 2-4　许可证安装（二）**

**图 2-5　许可证安装（三）**

图 2-6　许可证安装（四）

图 2-7　许可证安装（五）

7）确认安装信息无误后，如图 2-8 所示，单击"安装"按钮。

8）安装完成后，如图 2-9 所示，单击"完成"按钮，并退出 LicenseServer 安装。

图 2-8　许可证安装（六）

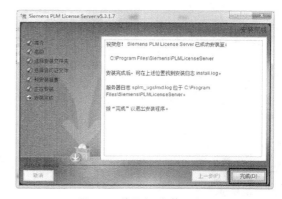

图 2-9　许可证安装（七）

## 2.3.3　NX 软件安装

1）打开 NX 软件源文件，如图 2-10 所示，右键单击"Launch.exe"文件，并选择"以管理员身份运行"，得到图 2-11 所示界面。

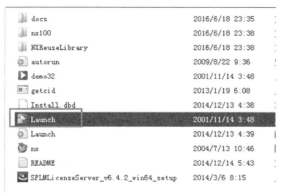

图 2-10　NX 软件安装（一）

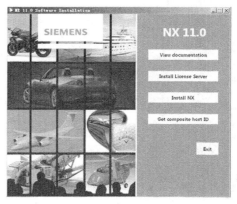

图 2-11　NX 软件安装（二）

2）单击图 2-11 中安装界面中的"Install NX"选项，继续安装。

3）选择安装语言为"中文（简体）"，如图 2-12 所示，并单击"确定"按钮。

4）然后单击"Next"按钮，如图 2-13 所示。

5）选择"完整安装（O）"或者根据自身情况选择"自定义（S）"，如图 2-14 所示，然后单击"下一步（N）"按钮。

图 2-12　NX 软件安装（三）　　　　　图 2-13　NX 软件安装（四）

6）单击"更改（C）"按钮，选择软件的安装位置，如图 2-15 所示，然后单击"下一步（N）"按钮。

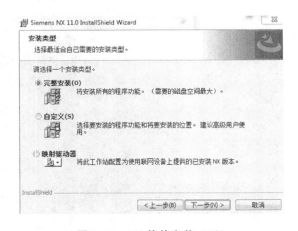

图 2-14　NX 软件安装（五）　　　　　图 2-15　NX 软件安装（六）

7）如图 2-16 所示，将"输入服务器名或许可证文件"对话框中"28000@ Jimmy"中的"Jimmy"改为本机的名称，然后单击"下一步"按钮。

8）选择"简体中文"为运行语言，如图 2-17 所示，然后单击"下一步"按钮。

9）如图 2-18 所示，确认软件安装类型、安装目录、运行时语言与许可证用户名无误后单击"安装"按钮。

10）等待一段时间，安装成功后单击"Finish"按钮，如图 2-19 所示。

图 2-16　NX 软件安装（七）

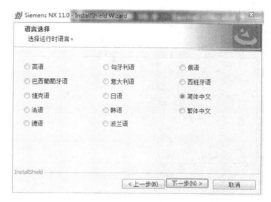

图 2-17　NX 软件安装（八）

图 2-18　NX 软件安装（九）

图 2-19　NX 软件安装（十）

本小节的目的在于检验软件是否安装成功。安装成功后打开 NX 界面，显示如图 2-20 所示。

图 2-20　NX 软件安装完成第一次启动界面

NX 软件安装完成后，每次打开时，启动界面如图 2-21 所示。

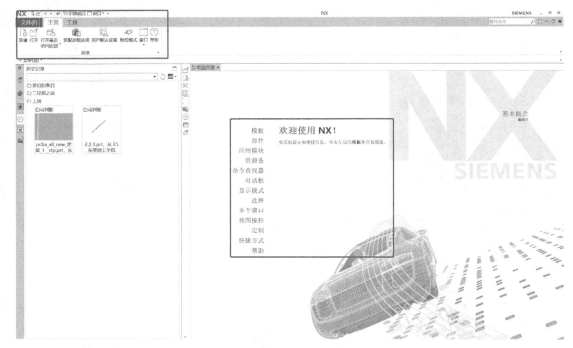

图 2-21　NX 软件新启动界面

## 2.3.4　软件安装过程中的问题及注意事项

### 1. 提示无法安装 NX 软件

若 Java 软件版本太高或太低，则系统会提示无法安装 NX 软件，详见安装文档中 release_notes 中的相关章节。

### 2. 端口冲突

从 NX11 版本开始，采用 SPLM_LICENSE_SERVER 环境变量来指定许可证服务器及端口，对应默认端口为 28000。系统可能会出现 28000 端口被其他应用占用的情况，从而导致许可证服务器无法启动。可通过服务器工具 lmtools 日志来查看服务器的启动情况，如图 2-22 所示。

若出现 28000 端口被占用的情况，则将端口改成 "27800" 即可。

### 3. TCP/IP 服务

NX 软件使用 TCP/IP 网络协议与许可证服务器通信，需要启动 TCP/IP 协议来确保许可证服务器与许可证客户端的通信畅通。可用 "ping" 命令来双向检查二者的通信状态。

### 4. 语言修改

NX 软件安装时选择了某种语言作为它运行时的语言，同时自动设置了环境变量 UGII_LANG，其值对应为安装时选择的语言。用户可通过修改该环境变量的值来改变 NX 运行时的语言，如中文等。不同语言对应的关键字可参考 NX 软件安装目录中 "LOCALIZATION/translations" 下的文件。NX 软件默认支持 13 种语言，分别为：braz_portuguese、Czech、

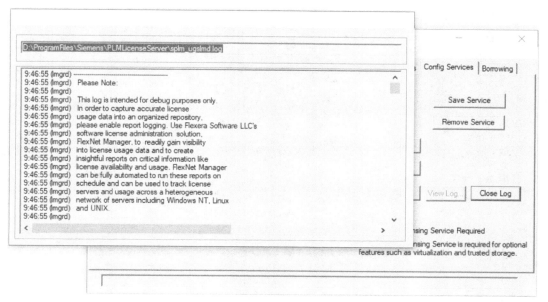

图 2-22　lmtools 日志

French、German、Hungarian、Italian、Japanese、Korean、Polish、Russian、simpl_chinese、Spanish、trad_chinese。图 2-23 所示为将运行语言修改为简体中文时的系统变量设置。

**5. NX 软件不能启动的原因**

（1）不能连接到许可证服务器　可在命令行窗口将路径设置为"%UGII_BASE_DIR% \ UGFLEXLM"，并运行"lmutil lmstat-c 28000@ <hostname>"命令来查看许可证服务器状态，其中"hostname"对应许可证服务器主机（即本机）名称。

图 2-23　系统变量设置

设置完服务器名称后，可通过检查本机的环境变量是否为本机名称来查看环境变量是否设置成功。图 2-24 和图 2-25 为查看本机的环境变量中主机名称是否为"desktop-79af8e6"的过程（按①~⑥的顺序依次查看）。

（2）无可用的许可证　这种情况可能是由两种原因造成的，一种是许可证中使用的是绑定包模块，而用户没有在许可证工具中选择需要使用的绑定包，从而无可用的许可证。具体绑定包的设置见 NX 软件的安装文档，如图 2-26 所示。

另一种原因是许可服务没有启动。可通过服务列表查看服务是否启动，也可通过许可服务器工具来配置与启动许可服务。具体过程见 NX 软件安装文档。

（3）NX 软件初始化错误　NX 初始化错误的原因有很多，大部分与许可服务的相关设置有关。另外也可能与机器的显示设置有关，例如，显示器分辨率低于 1024 * 768 或者颜色只设置为 256 色。

另外，可通过临时目录下的 NX 软件日志文件查看其他错误。也可在 NX 软件菜单中选择"帮助"→"日志"查看日志内容及日志存储位置。

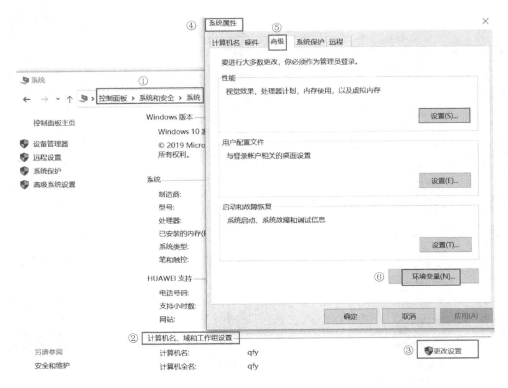

图 2-24　系统属性

图 2-25　环境变量

图 2-26　绑定包设置

## 2.4　NX 软件的修改与卸载

　　NX 软件安装完成后，再次运行安装命令，即出现维护界面。用户可通过选择不同选项来修改、修复及删除 NX 软件。如选择修改，可添加或删除某个模块，如图 2-27 和如图 2-28 所示；如选择修复，则会重新安装或修复已安装的文件。如果选择删除，则会全部卸载 NX 软件。如果无安装介质，可通过控制面板或 Windows 10 系统中的"setting"→"Aps&features"来修改或删除已安装的 NX 软件。

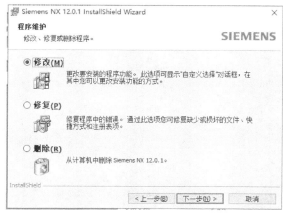

图 2-27　程序维护

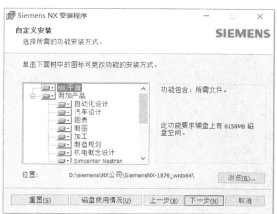

图 2-28　自定义安装

也可直接右键单击软件，然后选择卸载。

## 2.5　获得帮助

关于 NX 软件的帮助及相关问题，可参考链接（https：//www.plm.automation.siemens.com/global/en/support/docs.html）中对应的 NX 软件版本部分，也可按"F1"查看当前命令的相关帮助。

## 思考与练习题

1. NX 软件安装包括几部分？分别是什么？

2. NX 软件许可证安装过程中，为什么需要将 license 文件中的"YourHostname"替换为本机名称？

3. 从 NX11 版本开始，为什么使用 SPLM_LICENSE_SERVER 环境变量来指定许可证服务器及端口，对应默认端口是什么？

# 第 3 章

# NX CAD软件的基本操作

NX CAD 软件的基本设置是软件正常运行的基础。本章主要对 NX CAD 软件的基本设置进行介绍，具体包括：NX 软件启动与启动界面的基本概念，软件界面不同模块的分区及功能介绍，以及 NX CAD 中文软件的基本操作。

## 3.1  NX CAD 软件启动

启动界面是打开 NX CAD 软件出现的第一个界面，如图 3-1 所示。

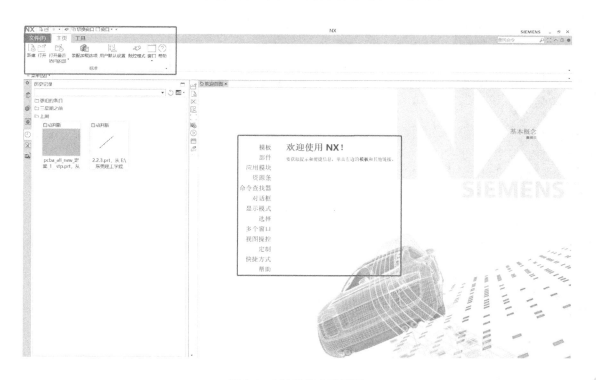

**图 3-1  NX 软件启动界面**

### 3.1.1  基本概念

NX CAD 软件中的基本概念包括：模板、部件、应用模块、资源条、命令查找器对话框、显示模式、选择、多个窗口、视图操作、定制命令、快捷方式和帮助。以下分别介绍。

（1）模板  新建 NX CAD 软件文件时，需在文件新建对话框中选择模板。大多数图纸、加工和仿真模板可自动将用户正在处理的三维几何体部件选为要引用的部件，这样可自动使用主模型。用户可在文件新建对话框中创建定制模板，例如，在模板中第一次定义标准的图纸框和视图，可在以后每次新建图纸时直接。

（2）部件  用户可以按需要同时打开多个部件。按下〈Ctrl〉+〈Tab〉组合键或在快速访问工具条上选择切换窗口，可滚动浏览加载的部件。打开包含装配的文件时，NX 软件还将根据需要打开各组件的文件。图纸创建于引用部件或装配作为主模型的新文件中。不同的用户随后可同时对主模型和图纸进行处理。部件模型、装配、图纸及在 NX 软件中创建的大多数其他对象都作为数据集保存在 Teamcenter 中，并通过零件号进行标识。如果只运行 NX 软件而未运行 Teamcenter，文件将以".prt"为扩展名保存。

（3）应用模块  NX CAD 软件包含一系列应用模块，可支持不同的工作流程，如创建部件、构建装配或生成图纸。当用户打开部件时，NX CAD 软件将在上次保存该部件的应用模块中打开它。创建部件时，NX CAD 软件将根据用户选择的模板启动相应的应用模块。可通过功能区中的应用模块选项卡在应用模块之间切换。

（4）资源条  NX CAD 软件中的资源条包括：资源条选项、装配导航器、约束导航器、部件导航器、重用库、Teamcenter 导航器、活动工作区、触控模式、角色选项卡，以及其他导航器。详细说明见表 3-1。

表 3-1  NX 软件中资源条内容说明

| 序号 | 图标 | 名称 | 说明 |
|---|---|---|---|
| 1 |  | 资源条选项 | 提供一些选项,用于在另一台监视器上放置资源条 |
| 2 |  | 装配导航器 | 显示顶级部件的装配结构 |
| 3 |  | 约束导航器 | 帮助用户分析、组织和处理装配约束 |
| 4 |  | 部件导航器 | 显示活动部件(即工作部件)的模型和图纸内容 |
| 5 |  | 重用库 | 用于访问可重用对象和组件,将所需对象拖入图形窗口即可 |
| 6 |  | Teamcenter 导航器 | 用于在运行 Teamcenter 集成时直接访问 Teamcenter 数据库 |
| 7 |  | 活动工作区 | 在运行 Teamcenter 集成时对广泛的因特网连接设备提供 Teamcenter 功能 |

（续）

| 序号 | 图标 | 名称 | 说明 |
|---|---|---|---|
| 8 | | 触控模式 | 显示触控模式命令手势的教程,以在触控友好的设备上使用 |
| 9 | | 角色选项卡 | 提供多种界面布局。可选择角色或将自己更改的界面保存为用户角色 |
| 10 | | 其他导航器 | 在其他应用模块中提供特定于应用模块的功能 |

（5）命令查找器对话框　在命令查找器对话框中显示要搜索的命令和其他相关命令，图 3-2 所示为查找"长方体"命令时的对话框设置。

**图 3-2　命令查找器对话框**

查找命令后，如果要启动命令，则单击该命令即可；如果要显示当前隐藏的命令，右键单击该命令名称并选择显示；如果要将命令添加到首选位置，右键单击该命令并选择一个添加选项；如果要访问命令的上下文特定帮助，右键单击该命令并选择帮助；如果要在其他应用模块中查找命令，右键单击该命令以启动应用模块；如果要完成一个命令，需要在命令对话框中从上往下依次处理。表 3-2 所示为对话框中的内容说明。

**表 3-2　对话框中的内容说明**

| 序号 | 图标 | 说明 |
|---|---|---|
| 1 | | 提供一些选项,用于在另一台监视器上放置资源条 |
| 2 | | 标明需要选择的步骤 |
| 3 | | 在选择合适的对象后代替星号 |
| 4 | | 继续执行对话框中的下一个必需选项。提供所需输入内容后,NX 软件将激活"确定"和"应用"按钮 |
| 5 | Apply | 完成命令并保持对话框打开 |
| | < OK > | 完成命令并关闭对话框 |
| 6 | | 将对话框重置为其默认设置。默认情况下,NX CAD 软件将记住用户在对话框中的上一次设置 |

（6）显示模式　NX CAD 软件的显示模式分为标准模式和全屏模式两种。用户可在两种模式间切换。表 3-3 所示为 NX CAD 软件中显示模式有关图标的详细说明。

表 3-3　NX CAD 软件中显示模式有关图标说明

| 序号 | 图标 | 说明 |
|---|---|---|
| 1 | | 折叠功能区。要访问某一命令，单击某一选项卡或按 Alt 键以显示当前的活动选项卡。使用鼠标滚轮可在功能区选项卡之间滚动 |
| 2 | | 显示功能区 |
| 3 | | 进入和退出全屏模式。在全屏模式下，NX 软件将折叠标题栏、功能区、上边框条和资源条以最大化屏幕形式显示 |
| 4 | | 如需在全屏模式下展开功能区，可使用屏幕顶部的手柄条 |

（7）选择　NX CAD 软件中有很多"选择"图标，具体说明见表 3-4。

表 3-4　NX CAD 软件中"选择"图标说明

| 序号 | 图标 | 图标名称 | 说明 |
|---|---|---|---|
| 1 | | 快捷工具条 | 在光标处，使用户能够将最可能使用的命令用于选定对象 |
| 2 | | 选择快捷工具条 | 用于在光标处访问选择过滤器设置。如需显示该工具条，可在图形窗口背景中单击鼠标右键 |
| 3 | | 快速拾取 | 用于在多个对象紧靠在一起时选择特定的对象。如需显示此对话框，需将光标停留在对象上方，然后在光标旁出现三个点时单击鼠标左键 |
| 4 | | 选择对象 | 单击以选择对象。如需选择多个对象，则继续单击对象，或使用上边框条中的矩形或套索动作。如需取消选择对象，按住<Shift>键并单击该对象，或按<Esc>键以取消选择所有对象 |

（8）多个窗口　NX CAD 软件中可打开多个窗口，说明见表 3-5。

表 3-5　NX CAD 软件中多个窗口的说明

| 序号 | 图例 | 操作 | 操作说明 |
|---|---|---|---|
| 1 | | 在选项卡式窗口中打开部件 | 默认情况下,NX CAD 软件将在活动选项卡旁边的选项卡式窗口中打开部件 |
| 2 | | 同时查看多个部件 | 如需将主窗口分成几组,可选择视图选项卡上的布局;也可以在各组之间拖动窗口,同时查看多个部件或同一部件的不同视图<br>处理装配和图样时,将窗口分组以显示多个部件是特别有用的。显示有关的设计并编辑部件时,可以实时查看相关装配和图样的更新 |
| 3 | | 停靠和浮动窗口 | 如需在部件自身的窗口中显示部件,可拖动其窗口选项卡。要重新停靠窗口,鼠标右键单击窗口选项卡并选择停靠至主界面,或将该窗口选项卡拖到另一个窗口停靠控制的上方 |
| 4 | | 跨多个窗口无缝工作 | 如需在部件之间切换,可单击任何窗口选项卡或任何窗口。NX 软件可自动启动应用模块,并恢复大多数导航器设置,这样就可以在之前停止处继续工作 |

（9）视图操作　NX CAD 软件中的视图操作说明见表 3-6。

表 3-6　NX CAD 软件中视图操作说明

| 序号 | 视图操作 | 说明 |
|---|---|---|
| 1 | 查看部件 | 使用 3D 输入设备是最简单的视图定向方法。用户还可以使用鼠标定向视图如下:<br><br>旋转　　　平移　　　缩放<br>如需查找其他视图选项,可单击视图选项卡或在图形窗口背景中单击鼠标右键 |
| 2 | 渲染样式 | 如需更改渲染样式,可单击渲染选项卡或在图形窗口背景中单击鼠标右键,然后从渲染样式菜单中选择一种样式 |
| 3 | 真实着色 | 如需快速设置逼真的实时显示,单击渲染选项卡 |

（10）定制命令　NX CAD 软件中可通过单击鼠标右键命令或组来快速将相应的命令添

加到某个位置，如边框条或者快速访问工具条。使用定制命令 ▭ 可进一步定制用户界面以适合用户的工作流程。

用户可以按以下步骤定制命令：

1）创建、显示或隐藏选项卡或命令组。

2）在组之间拖动命令。

3）更改图标大小。

（11）快捷方式　用户也可以显示或隐藏工具提示，然后指派自己的快捷键。如需快速查找命令，可使用命令选项卡上的搜索框。

NX CAD 软件为用户提供了很多快捷方式以节约用户的时间。具体说明见表 3-7。

表 3-7　NX CAD 软件中快捷方式说明

| 序号 | 图标 | 快捷方式名称 | 说明 |
|---|---|---|---|
| 1 | | 圆盘工具条 | 按住<Ctrl>+<Shift>组合键并按某个鼠标键可显示一个圆盘工具条，显示工具条取决于当前所在的应用模块和所按的鼠标键 |
| 2 | | 圆盘快捷工具条 | 对某个对象按住鼠标右键可显示圆盘快捷工具条 |
| 3 | | 查看快捷工具条 | 在图形窗口背景中单击或按住<Ctrl>键并单击某个对象可显示此工具条 |
| 4 | | 查看圆盘工具条 | 按住鼠标右键可显示此圆盘工具条 |
| 5 | | 快捷键 | 在命令查找器中键入快捷键，可找到完整的键盘快捷键列表 |

（12）帮助　NX CAD 软件界面为用户提供了帮助，其图标为 "❓"。如需查找某一命令的帮助，在命令查找器中搜索并右键单击该命令。如需访问上下文相关帮助信息，按 F1 键。

## 3.1.2　Gateway 应用

Gateway 应用是 NX CAD 软件的入口模块，其界面如图 3-3 所示。

图 3-3　Gateway 应用的界面

Gateway 应用只能查看零组件或装配，不能新建或编辑对象，要新建或编辑对象，必须进入相应的应用模块。可以通过以下几种方式进入 Gateway 应用：

1）新建文件时，选择的是 blank 模板，如图 3-4 所示。

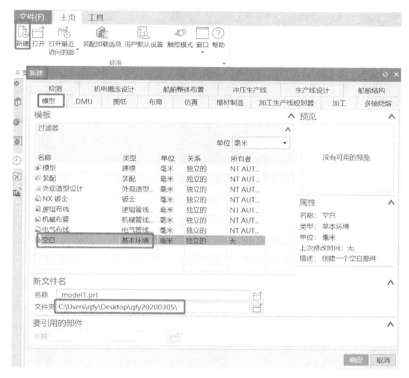

图 3-4　在 Gateway 中新建文件

2）打开的文件是 NX3.0 或者更旧版本保存的文件。

3）打开的文件是 NX4.0 或以后版本保存的文件，但保存时的应用为 Gateway。

## 3.2　NX CAD 软件界面

本节主要介绍 NX CAD 软件界面使用的相关操作，包括如何使用浮动工具条、如何定制工具条，以及如何使用角色保存与恢复工具条。另外还介绍了视图相关操作，以及如何在图形窗口选择对象等。

### 3.2.1　浮动工具条

浮动工具条以标签页面的方式显示，并且按功能进行分组，图标有大有小，并辅以文字，图 3-5 所示为建模环境下的浮动工具条。浮动工具条可以帮助用户以最少的鼠标单击次数来访问经常使用的命令。

每个应用模块都有一些特定的选项卡与组。一般顶层为浮动工具条的选项卡。图 3-5 所示的建模环境下的浮动工具条的选项卡有"文件""主页""装配""曲线""分析""渲染""视图""工具""应用模块"和"开发人员"十个。"主页"选项卡包含了"直接草

图 3-5　建模环境下的浮动工具条选项卡

图"、"特征"、"同步建模"，以及"装配"等不同的组。可通过在选项卡空白位置单击鼠标右键，选择需要显示的选项卡，如图 3-6 所示。同时，单击不同选项卡的右下角的黑色三角形可选择需要在当前标签中显示的组，如图 3-7 所示。也可通过配置不同组中的命令显示，如图 3-8 所示。

图 3-6　定制选项卡

图 3-7　定制组

图 3-8　定制命令

## 3.2.2　命令查找器

使用命令查找器来查找和激活匹配关键字或词汇的特定命令。这些命令可能包含当前应用或任务环境中未激活的命令。搜索的命令结果仅限于显示在浮动工具组、菜单或工具栏中。当命令不可用时，命令查找器可说明命令不可用或者识别哪个应用模块下该命令可用。图 3-9 所示为使用命令查找器来完成"新建块"功能。

## 3.2.3　对话框

大多数命令的对话框从上往下以命令完成的顺序设置选项。选项分为组，可通过"∨"来显示或通过"∧"来隐藏相关组。图 3-10 所示为打孔操作的对话框。其中，组为"位

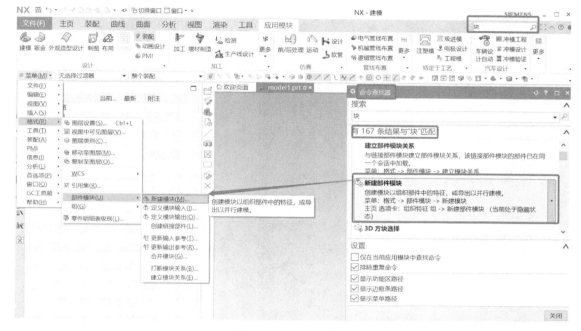

**图 3-9 命令查找器**

置""方向""形状和尺寸""布尔"与"设置"五种。

对话框中的组包括：当前活动的组（即正在拾取或输入的组）、折叠的组，以及对话框行为（包括"确定""应用""取消"）。当所有需要的输入完成后，"确定""应用"按钮才可用。

对话框选项图标为""，一般包括更少、更多、显示折叠的组、隐藏折叠的组、折叠对话框、重置和帮助等选项供用户选择。图 3-11 所示为边倒圆命令的对话框选项。

**图 3-10 打孔操作的对话框**

**图 3-11 边倒圆命令的对话框**

当在对话框选项中选择"重置"时，意味着编辑特征时对话框的默认值是特征创建时的值，如果需要重设默认值，需要将对话框置于"更多"或者"更少"模式。

NX 软件显示模式中的"更多"与"更少"布局不同。"更少"模式显示的是命令最基本的需求；而"更多"模式显示的是命令更加复杂的变化。图 3-12 和图 3-13 所示为边倒圆命令的"更少"与"更多"显示模式。用户可根据需求来确定显示的对话框布局。

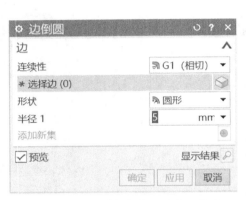

图 3-12　边倒圆命令的"更少"模式

图 3-13　边倒圆命令的"更多"模式

用户也可通过设置用户界面首选项来设置 NX 软件默认显示"更多"或者"更少"的布局。依次选择文件→首选项→用户界面→选项，通过用户界面首选项中的"简化版"或"完全版"来设置"更少"或"更多"显示模式，具体操作步骤如图 3-14 和图 3-15 所示。

图 3-14　打开"用户界面"

对话框底部的"确定""应用"与"取消"是对话框的具体行为，这三个按钮决定了命令参数的处理方式。其中，"确定"按钮表示接受所有参数与设置，并关闭对话框；"应用"按钮表示接受所有参数与设置，但保持对话框开启，以便下一步的操作；"取消"按钮表示关闭对话框，不处理对话框参数与设置。

可以通过单击对话框标题栏的中间位置（图3-16），暂时隐藏对话框（图3-17），再次单击该位置，即可恢复显示。

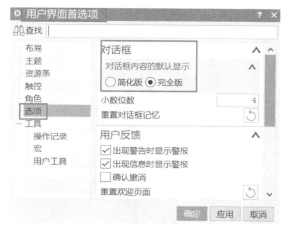

图3-15　设置"更多"或"更少"模式

图3-16　单击标题栏中间位置

图3-17　对话框隐藏状态

NX软件中对话框的提示信息见表3-8。

表3-8　NX软件中对话框的提示信息

| 提示 | 描述 |
| --- | --- |
| ✱ 选择部件 (0) | 表示为可选选项 |
| 图标 ✱ | 表示为必选 |
| ✓ 选择部件 (1) | 表示所需的选择已经被用户或者系统自动选好 |
| 图标 ⊹ | 表示下一个默认操作 |
| 确定　应用　取消 | "确认"按钮表示自动完成即可用 |

## 3.2.4　用户界面预设置

通过"用户界面预设置"可设置NX软件与用户的交互方式，基于该设置，用户可方便快捷地工作。

用户可通过"菜单"→"首选项"→"用户界面"来打开用户界面首选项，具体如图3-18所示。用户界面首选项的界面如图3-19所示，包括"布局""主题""资源条""触控""角色""选项"和"工具"七个部分。

使用用户界面首选项中的"布局"与"选项"可完成用户界面以下内容的设置：

1）提示行/状态行的位置处于顶部还是底部的设置。

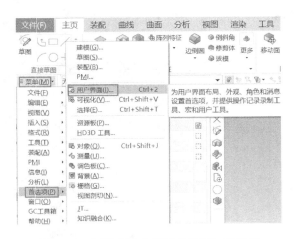

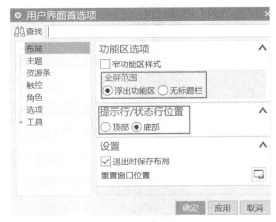

**图 3-18　打开"用户界面首选项"的步骤**　　　**图 3-19　用户界面首选项**

2）经典界面与 Ribbon 工具条界面间的切换。

3）输入框及信息窗口小数点位数的设置。

4）重置对话框记忆及命令查找器的缓存。

5）对话框缺省布局为"更少"或"更多"的设置。

6）出现警告时显示警报还是出现信息时显示警报的设置。

7）Undo 操作是否需要确认的设置。

使用用户界面首选项中的"角色"来新建和加载角色，如图 3-20 所示。

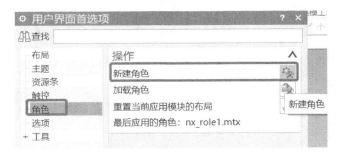

**图 3-20　用户界面首选项中"角色"选项卡界面**

在新建角色后，新的角色将保存在软件的"roles"文件夹下，文件扩展名为 .mtx。图 3-21 所示为新建的名为"nx_role0.mtx"的角色文件及其位置显示。图 3-22 所示为该角色文件的内容，用户可以对该文件内容进行编辑。

**图 3-21　新建角色文件及其位置显示**

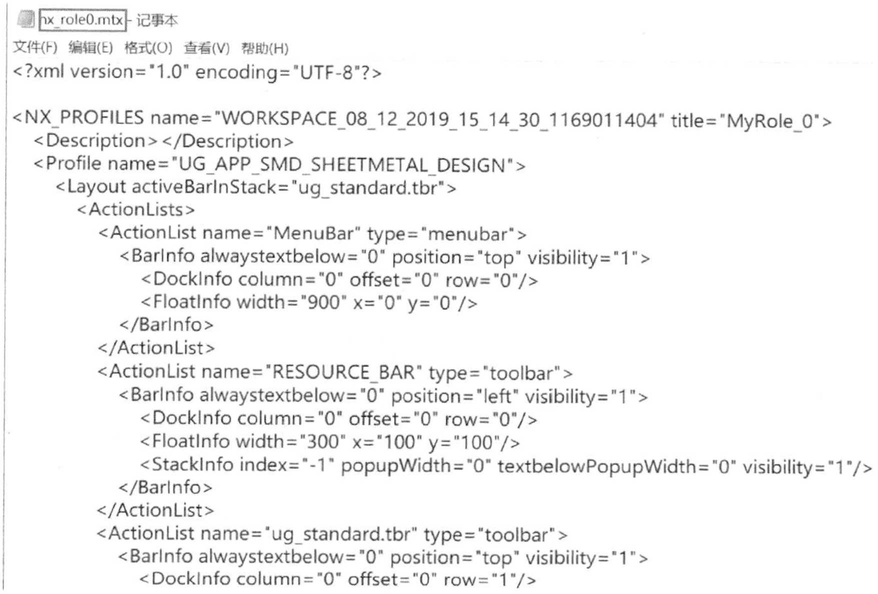

```
nx_role0.mtx - 记事本
文件(F) 编辑(E) 格式(O) 查看(V) 帮助(H)
<?xml version="1.0" encoding="UTF-8"?>

<NX_PROFILES name="WORKSPACE_08_12_2019_15_14_30_1169011404" title="MyRole_0">
  <Description></Description>
  <Profile name="UG_APP_SMD_SHEETMETAL_DESIGN">
    <Layout activeBarInStack="ug_standard.tbr">
      <ActionLists>
        <ActionList name="MenuBar" type="menubar">
          <BarInfo alwaystextbelow="0" position="top" visibility="1">
            <DockInfo column="0" offset="0" row="0"/>
            <FloatInfo width="900" x="0" y="0"/>
          </BarInfo>
        </ActionList>
        <ActionList name="RESOURCE_BAR" type="toolbar">
          <BarInfo alwaystextbelow="0" position="left" visibility="1">
            <DockInfo column="0" offset="0" row="0"/>
            <FloatInfo width="300" x="100" y="100"/>
            <StackInfo index="-1" popupWidth="0" textbelowPopupWidth="0" visibility="1"/>
          </BarInfo>
        </ActionList>
        <ActionList name="ug_standard.tbr" type="toolbar">
          <BarInfo alwaystextbelow="0" position="top" visibility="1">
            <DockInfo column="0" offset="0" row="1"/>
```

**图 3-22　角色文件内容**

## 3.2.5　角色

角色是 NX 软件中客制化界面的切入点，规定了 Ribbon 工具条页面的显示、Ribbon 组内按钮的显示与下拉列表及 More 命令集里显示的内容。选择不同的角色，NX 软件会显示不同的操作界面。根据用户对 NX 软件的不同需求设置了四个角色：默认、高清、触摸屏和触摸板。其中，默认角色将用户界面显示优化以适配传统非触控式显示器。该角色不会更改功能区、边框条或 QAT 的内容。高清角色可优化用户界面演示，以完美适配 4K 分辨率显示器，它可以显示更大的位图。此角色不会更改功能区、边框条或 QAT 的内容。触摸屏角色将用户界面显示优化以适配触摸屏显示器。它将显示更大的位图，并在底部有一个不停靠的功能区。该角色不会更改功能区、边框条或 QAT 的内容。触摸板角色将用户界面优化以适配小型触摸板，它将显示更大的位图，无文本的窄功能区，并去掉了边框条和标题栏。该角色不会更改功能区的内容。

角色面板如图 3-23 所示。

## 3.2.6　鼠标的使用

常用鼠标如图 3-24 所示。其中，对于二键鼠标，"左键+右键"与三键鼠标的"中键（或滚轮）"作用相同。对于三键鼠标，"中键（或滚轮）+右键"表示平移；"左键+中键（或滚轮）"表示缩放。

在 NX 软件中，对于常用的三键鼠标，不同鼠标键的单击行为对应不同的操作。表 3-9 所示为鼠标的相关操作及其含义。

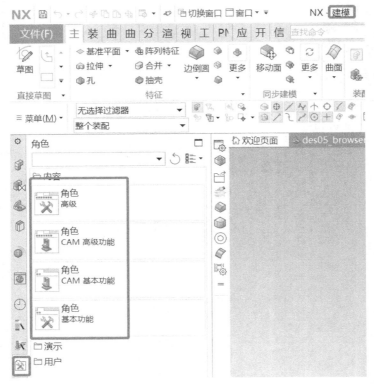

图 3-23　角色面板

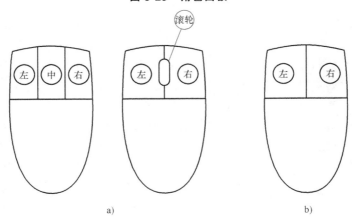

a)　　　　　　　　　　　　　　　　　b)

图 3-24　常用鼠标

a）三键鼠标　b）二键鼠标

表 3-9　鼠标的相关操作及其含义

| 按钮 | 操作及含义 |
| --- | --- |
| 左键 | 拾取与拖拽 |
| 中键 | 单击表示"确定"；<br>按下并拖动表示旋转；<br>与<Shift>键一起按下并拖动表示平移；<br>与<Ctrl>键一起按下并拖动表示缩放 |

（续）

| 按钮 | 操作及含义 |
|------|-----------|
| 右键 | 显示快捷菜单 |
| 滚轮 | 图形区滚动滚轮表示缩放；<br>在列表或信息窗口中滚动表示拖动滚动条 |

通过鼠标与键盘的配合使用，可以在 NX 软件中方便地使用快捷工具条、查看快捷菜单、宫格工具条和宫格快捷菜单。

### 1. 快捷工具条

快捷工具条包含了所选对象最常用到的命令。用户可通过两种方式打开快捷工具条：一种是在图形区要操作的对象上单击鼠标右键；另一种是按住 < Ctrl > 键并单击操作对象。图 3-25 所示为打开单个实体的快捷工具条。

如果选择了同类型的多个对象，则快捷工具条显示选择对象类型对应的特定菜单；如果选择了多个类型的多个对象，则快捷工具条显示可以使用到所有选择对象类型的命令。

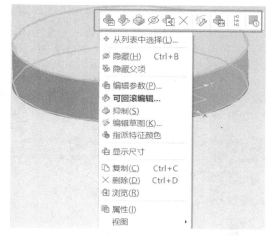

当没有打开对话框，且在图形窗口选择了一个或多个对象时，NX 软件只显示快捷工具栏。当没有对话框打开，且在图形区、部件导航器或装配导航器上选择一个或多个对象时，NX 软件显示快捷工具条及快捷菜单。

图 3-25 单个实体的快捷工具条

### 2. 查看快捷菜单

可用鼠标右键单击图形区背景，显示视图的快捷菜单，如图 3-26 所示。

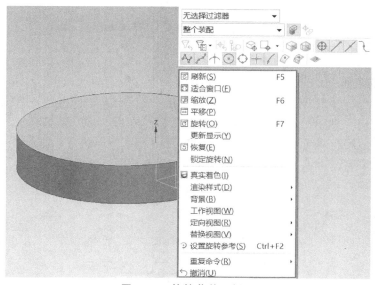

图 3-26 快捷菜单示例图

### 3. 宫格工具条与宫格快捷菜单

宫格工具条与软件模块关联，即不同的应用对应不同的宫格工具条。在图形区按住<Shift>+<Ctrl>组合键并单击鼠标键时，可调出不同的宫格工具条。具体宫格工具条的显示依赖于鼠标的按键，图 3-27 所示为不同鼠标按键下宫格工具条的显示图。

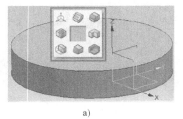 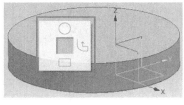 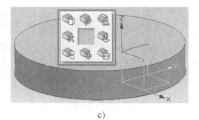

a)                        b)                        c)

**图 3-27　不同鼠标按键下宫格工具条的显示图**

a）<Shift>键+<Ctrl>键+左键　b）<Shift>键+<Ctrl>键+中键（或滚轮）　c）<Shift>键+<Ctrl>键+右键

当长按鼠标右键时，可调出宫格工具菜单。当不选择对象，右键单击图形区并长按鼠标右键时，会弹出图 3-28a 所示的宫格工具菜单；当选择对象，长按鼠标右键时会弹出图 3-28b 所示的宫格工具菜单。

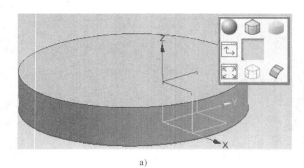 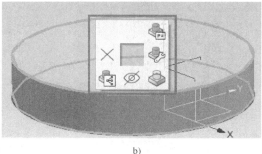

a)                                        b)

**图 3-28　不同选择下宫格工具菜单显示图**

a）不选择对象　b）选择对象

### 4. 图形区视图操作

如图 3-29 所示，用户可以通过拖拽鼠标中键（或滚轮）在图形区进行视图操作。例如，在图形区中央拖拽鼠标中键（或滚轮）可旋转视图；在屏幕左右垂直边拖拽鼠标中键（或滚轮），鼠标显示绕屏幕的 $X$ 轴旋转；当鼠标靠近图形区中间位置，根据鼠标拖拽的方向决定视图绕哪个轴旋转。

**图 3-29　绕 $X$ 轴旋转视图**

当鼠标靠近屏幕底边，鼠标显示绕屏幕的 $Y$ 轴旋转，如图 3-30 所示。

图 3-30　绕 $Y$ 轴旋转视图

当鼠标靠近屏幕顶边，鼠标显示绕屏幕的 $Z$ 轴旋转（垂直于屏幕），如图 3-31 所示。

图 3-31　绕 $Z$ 轴旋转视图

NX 软件中还存在一些其他的视图操作，如方位视图。通过鼠标左键单击对象，然后单击鼠标右键，会弹出图 3-32 所示的快捷菜单，通过该菜单可以选择不同的方位视图。

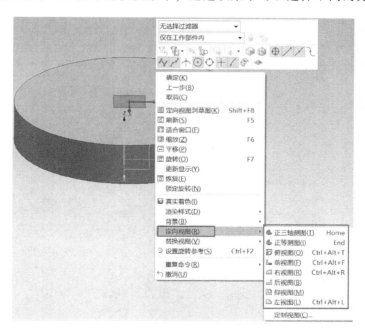

图 3-32　调出方位视图快捷菜单的示意图

同时，软件顶部的菜单可以更改视图为预定义的视图方位，如图 3-33 所示。
表 3-10 所示为方位视图菜单中不同视图的说明。

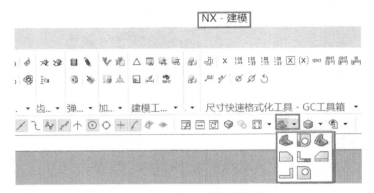

图 3-33  方位视图调出菜单选择

表 3-10  方位视图菜单中不同视图的说明

| 图标 | 视图名称 | 图标 | 视图名称 | 图标 | 视图名称 |
|---|---|---|---|---|---|
|  | 正三轴测图 |  | 俯视图 |  | 正等测图 |
|  | 左视图 |  | 前视图 |  | 右视图 |
|  | 后视图 |  | 仰视图 |  |  |

NX 软件中常用按键的功能见表 3-11。

表 3-11  NX 软件中常用按键的功能

| 按键 | 功能 |
|---|---|
| Home | 捕捉视图方位到 TRF_TRI |
| End | 捕捉视图方位到 TRF_ISO |
| F8 | 捕捉视图方位到最近的正交视图或捕捉视图方位到选择的基准面或平表面 |

视图三重轴是代表模型绝对坐标系方位的一个指示器，显示在图形窗口的左下角，如图 3-34 所示。选择视图三重轴的一个轴可以锁定模型只绕着这个轴的方向旋转。同时，用户可通过单击鼠标中键（或滚轮）或按<Esc>键退出绕该轴的旋转模式。

## 3.2.7  选择对象

NX 软件中可以先选择对象，再执行命令；也可以先选择命令，再选择所需要的对象。

用户通过滤波器可以控制对哪些对象进行选择。滤波器的下拉列表会根据 NX 软件中模型的不同而显示不同的下拉列表内容。图 3-35 所示为滤波器下拉列表示意图。

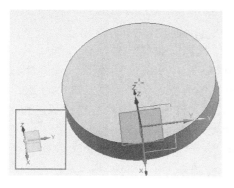

图 3-34　视图三重轴

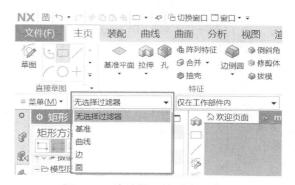

图 3-35　滤波器下拉列表示意图

通过整体选择滤波器可进一步通过某些限制（如细节、颜色、图层等）选择特定对象，如图 3-36 所示。

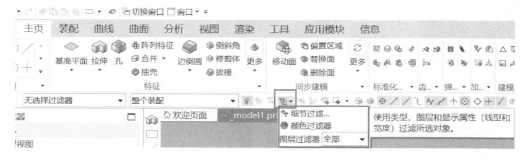

图 3-36　整体选择滤波器

当右键单击对象时，显示该对象类型对应的快捷菜单。注意：光标必须放在对象上，且对象必须高亮呈显示状态。快捷菜单根据所选对象与所处模块不同而不同。用户可以通过按住<Shift>键，然后用鼠标左键单击对象，来撤销单个对象的选择；也可以通过按住<Shift>键，然后用鼠标左键框选需要撤销选择的对象，来撤销对一组对象的选择；用户还可以通过选择 NX 软件顶部工具栏中的"　"图标或者按<Esc>键来撤销对所有对象的选择。注意：一旦撤销所选组的一个或多个对象，对象与组的选择都被撤销，组内其他的选择依然保持选择的状态。

## 3.2.8　选择预览

当光标置于对象上时，对象会高亮显示以供用户预览。一般情况下，预览选择为软件的默认设置。用户可通过下列方式关闭选择预览：依次选择"文

图 3-37　关闭选择预览界面

件"→"首选项"→"选择"，在弹出的"选择首选项"对话框中，将高亮显示滚动选择前面的"√"去掉，具体如图3-37所示。

对象的预选颜色设置操作步骤如下：首先选择"视图"标签，然后在可视化组中选择"首选项"，随后弹出"可视化首选项"对话框，最后在"可视化首选项"对话框的"颜色"中重新设置"预选"与"选择"的颜色。对象的预选颜色设置界面如图3-38所示。

用户可通过光标位置的提示查看对象的名称与类型，该信息也在状态栏显示。光标位置的提示是默认可见的，用户可通过如下方式关闭光标位置的提示：选择"文件"→"首选项"→"选择"，在弹出的"选择首选项"对话框中，将"滚动时显示对象工具提示"前的"√"去掉。在"选择首选项"对话框中关闭光标位置提示界面如图3-39所示。

图3-38　对象的预选颜色设置界面

图3-39　关闭光标位置提示界面

## 3.2.9　顶部边框工具条

顶部边框工具条显示在NX软件窗口的顶部，浮动工具条的下方，可用来设置高级选择选项，如图3-40所示。基于顶部边框工具条，用户可以根据特殊属性的过滤来选择对象，也可以指定怎样执行多选，还可以访问高级选择工具，如选择意图及捕捉点。图3-41所示为顶部边框工具条中的智能捕捉点。

图3-40　顶部边框工具条

图 3-41 智能捕捉点

智能捕捉点各图标的具体含义见表 3-12。

表 3-12 智能捕捉点各图标的具体含义

| 图标 | 名称 | 含义 |
|---|---|---|
| | 启用捕捉点 | 捕捉点选项的开关 |
| | 清除捕捉点 | 关闭所有捕捉点的选项 |
| | 端点 | 选择直线、圆弧、二次曲线、样条及边的起点与终点 |
| | 中点 | 选择直线、开放圆弧及边的终点 |
| | 控制点 | 选择几何对象的控制点 |
| | 极点 | 选择样条曲线的控制极点 |
| | 相交 | 选择两条曲线的交点 |
| | 圆弧中心 | 选择圆心 |
| | 象限点 | 选择圆弧的 1/4 点 |
| | 现有点 | 选择已有点 |
| | 点在曲线上 | 选择曲线上的点 |
| | 面上的点 | 选择曲面上的点 |
| | 有界栅格上的点 | 选择包络网格的点 |

## 3.2.10 快速选取

选择对象时,选择球往往对应多个对象。快速选取可以方便地浏览备选对象。如果选择球对应多个选择对象,光标变为图标"⊥"时,说明该位置有多个可选对象。此时可单击鼠标左键,调出"快速选取"对话框。图 3-42 所示为"快速选取"对话框的一个实例。

用户也可以通过以下方式修改快速选取时光标出现的时间:首先选择"文件"→"首选项"→"选择",在弹出的"选择首选项"对话框中的"快速选取"组中,选择"延迟快速选取",然后再设定具体的延迟时间为所需时间。图 3-43 所示为将延迟快速选取时间设为 3s。

此外,用户也可以在光标变为"⊥"后单击鼠标左键出现"快速选取"对话框,然后用鼠标中键(或滚轮)来遍历快速选取的对象列表。用户也可通过"快速选取"对话框上的按钮来筛选列表。如图 3-44 所示，从左到右的筛选按钮的含义依次为：所有对象、构造对象、特征、体对象、组件和注释。

图 3-42  "快速选取"对话框实例

图 3-43  修改快速选取时光标出现的时间

## 3.2.11  提示与技巧

用户可以使用 NX 软件角色来选择定制的 Ribbon 工具条组、菜单及工具条。图 3-45 所示为 NX 软件角色选择。

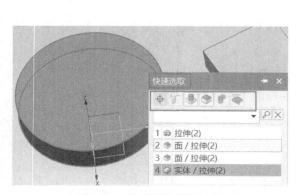

图 3-44  快速选取筛选按钮

图 3-45  NX 软件角色选择

当不确定菜单与命令时，用户可使用命令查找器来确定具体的命令。

如果在图形区查找不到对象，用户可通过以下方式来找到对象。

1）利用鼠标、视图三重轴及 3D 输入设备来旋转视图。

2）使用"显示和隐藏"命令显示或隐藏特定对象。

3）使用"图层设置"命令来使特定图层呈可选或可见状态。

另外，用户在选择对象时，可以通过以下三种方法来选择。

1）使用顶部工具条控制选择。

2）使用"快速选取"遍历多个对象来选择。

3）通过图形区或资源条导航器来选择对象。

## 3.3　文件基本操作

### 1. 历史文件记录

历史文件记录用于在 NX12.0 软件中查找之前在计算机上保存的模型或文档，可以快速找到所需的模型。

打开 NX12.0 软件，进入初始界面，单击界面左边菜单的"历史记录"，即可看到历史文件记录，如图 3-46 所示。

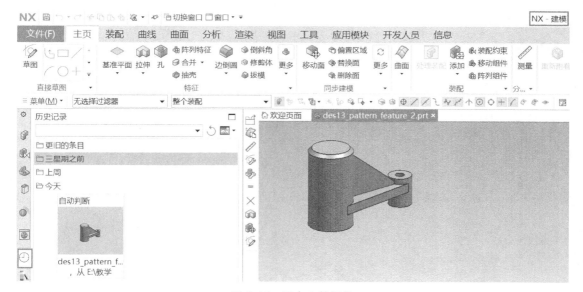

图 3-46　历史文件记录

### 2. 项目文件

NX 软件中项目文件包括模型文件与文档。用户打开 NX 12.0 软件进入初始界面后，可单击"打开"命令，如图 3-47 所示。随后，在弹出的对话框中按照文件目录选择要打开的文件，然后单击"OK"按钮，如图 3-48 所示，即可打开需要的模型文件与文档。

### 3. 导入/导出

（1）"导入"命令　使用"导入"命令，可以将已有 NX 软件模型文件中的所有模型数

图 3-47　单击"打开"命令

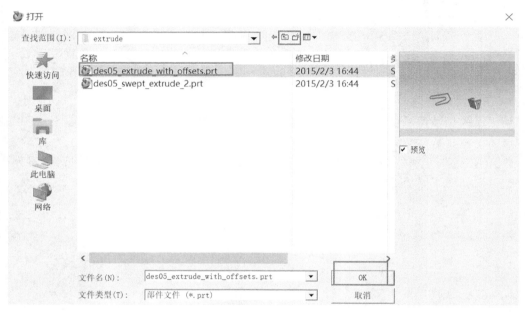

图 3-48　"打开"对话框

据导入内存。具体操作如下：首先，单击"文件"→"新建"命令，新建一个空白模型文件；然后，依次单击"文件"→"导入"→"CGM"命令，如图 3-49 所示；最后，在弹出的"导入 CGM 文件"对话框中选择需要打开的模型文件，单击"OK"按钮，如图 3-50 所示。

图 3-49　"导入"命令

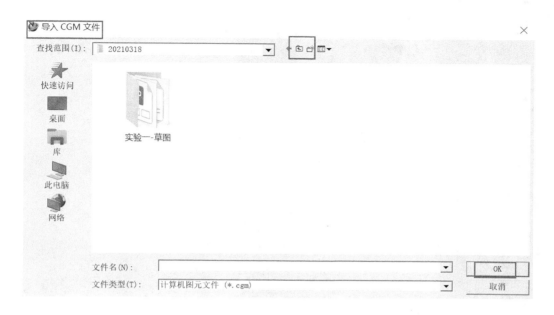

**图 3-50　"导入 CGM 文件"对话框**

（2）"导出"命令　使用"导出"命令，可以将现有模型导出为 NX CAD 软件支持的其他类型的文件，还可以将其直接导出为图片格式文件。

1）单击"文件"→"导出"→"PDF"命令，如图 3-51 所示。

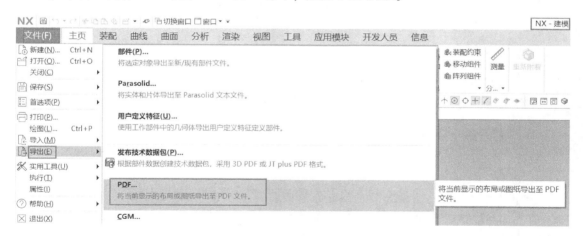

**图 3-51　"导出"命令**

2）执行上述操作后，弹出"导出 PDF"对话框，单击"浏览"按钮，如图 3-52 所示。

3）执行上述操作后，在弹出的"PDF 文件名"对话框中设置其文件名和保存路径，单击"OK"按钮，如图 3-53 所示。

4）执行上述操作后，返回"导出 PDF"对话框，单击"确定"按钮，导出文件，如图 3-54 所示。

图 3-52 "导出 PDF" 对话框

图 3-53 选择文件名与保存路径

图 3-54 单击 "确定"
按钮以导出文件

#### 4. 帮助

"帮助" 命令可以显示 NX 软件帮助库的目录，包括指向每个应用模块或软件区域的链接。单击 "文件"→"帮助" 命令，即可选择所需命令，如图 3-55 所示。

#### 5. 首选项

用户可通过单击 "文件" → "首选项" 命令，选择所需命令，包括装配、用户界面、可视化、资源板、HD3D 工具、测量、调色板、视图剖切、JT、知识融合、数据互操作性和电子表格，如图 3-56 所示。

#### 6. 退出

在 NX 软件中，用户编辑好模型后，可以通过单击 "文件"→"退出" 命令来结束会话并显示有关未保存已修改文件的警告，具体如图 3-57 所示。

图 3-55　"帮助"命令

图 3-56　文件中的"首选项"

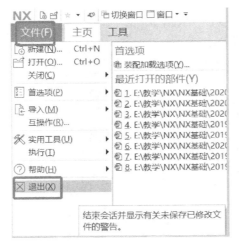

图 3-57　"退出"命令

## 思考与练习题

1. NX 软件中文件的基本操作都有哪些？
2. 当用户在当前界面找不到要用的命令时，可以通过什么工具找到？
3. NX 软件为用户提供了几种角色？分别是什么？
4. 在 NX 软件对话框中，当按钮或图标为绿色时，表示什么意思？
5. NX 软件中，如何查看快捷菜单？
6. 使用快速选取命令时，可以使用什么工具快速选择下一个对象？

# 第4章

# NX CAD软件建模基础

在对 NX 软件基本操作做了了解后，用户可以展开 NX CAD 软件建模工作。在 NX CAD 软件建模中，首先需要掌握 NX 软件建模的一些基础知识，包括：草图、基本特征和表达式。具体是如何进行简单的草图设计；认识 NX 软件的三个基准：基准轴、基准平面和基准坐标系；以及如何运用简单的表达式辅助建模。

## 4.1　草图

### 4.1.1　基于特征的建模

特征建模就是添加参数化的数据到设计模型的过程。参数化的数据作为特征显示在部件导航器。一般基于特征的建模过程的设计流程如下。

1）选择基准特征，如基准坐标系和基准平面。

2）利用草图特征定义几何轮廓。

3）应用扫掠特征，如拉伸、旋转或沿曲线扫描。

4）应用设计特征，如孔、筋板等。

5）进行特征拷贝，如阵列或镜像操作等。

6）对模型进行细节特征处理，如边倒圆、倒角及拔模等。

在参数化建模之前，首先要构建建模意图。因为建模意图将决定需要使用的建模策略，以及对应的任务类型，包括选择特征类型（特征、特征操作、草图）、建立特征关系（大小、关联、位置、顺序）、决定草图约束和创建表达式（等式、条件）。设计意图可以基于所知的信息、格式，以及功能需求、制造需求以及外部等式几种因素。用户可以在初始构建之后添加设计意图。然而，返工的工作量需要根据开始使用的建模技术确定。

构建建模意图时，需考虑以下两点：

（1）设计考虑　主要包括：零件的功能要求和零件特征之间的关系是什么（特征指的是零件的参数化设计）。

（2）潜在更改　主要包括：零件的哪一部分会更改，更改的范围是什么，模型是否会被其他项目拷贝并修改。

### 4.1.2 草图概述

草图是三维建模的基础，包含了特定平面或路径上的二维曲线和点。NX 软件通过几何与尺寸约束来应用规则，建立设计所需的条件。

可以使用"草图创建"命令实现以下操作：

1）创建设计的轮廓或典型截面。

2）通过扫描、拉伸或旋转草图生成实体或片体。

3）大规模的二维概念布局，达到数千条草图曲线。

4）构建几何，如运动路径、公差圆，但并不创建零件特征。

从创建方式看，草图包括：基于平面的草图和基于路径的草图。

基于平面的草图是基于已有的平面、新创建或已存在的草图平面，使用时需要考虑以下两点。

1）草图是否定义了零件的基本特征。如果是，应在合适的基准平面或基准坐标系中创建草图。

2）草图是否将添加到已有的基本特征中。如果是，则要选中已有的基准平面或零件平面，或创建与已有的基准平面或与零件几何关联的基准平面。

基于路径的草图是一种用于变化扫掠的特定类型的约束草图，可以用该方法来定位拉伸与旋转的草图位置，需要选择目标路径并定义草图在路径上的位置。

任何基于草图创建的特征将与草图关联，并随着草图的更改而更改。这些特征包括：旋转草图，拉伸草图，创建扫描特征，引导线与截面线串。用户可以使用多个草图作为片体的生成轮廓，在变截面扫掠中使用多个草图类型作为管理模型或者特征的规律曲线。

### 4.1.3 草图与图层

草图与图层的关系体现在以下七个方面。

1）可在部件导航器隐藏与显示草图，不需要将各个草图放置在不同的层来控制可见性。

2）图层也可用来作为草图的组织工具。

3）在外部草图下，创建的所有对象在同一图层。

4）内部草图的放置层依赖于父特征，除非手动移动到某一层。

5）当在草图中创建曲线时，曲线与草图在同一层。

6）当在草图环境（Sketch Task Environment）下打开草图时，草图所在的层成为工作层。

7）当退出草图环境，层的设置依赖于"草图首选项"对话框中的"保持图层状态"选项。当勾选该选项时，草图层与工作层恢复到草图激活之前的状态；当清除该选项时，草图层继续作为工作层。用户可通过依次单击"任务"→"首选项"→"草图"命令打开"草图首选项"对话框，具体操作界面如图 4-1 所示。

### 4.1.4 草图创建模式

创建草图的一般过程如下所示。

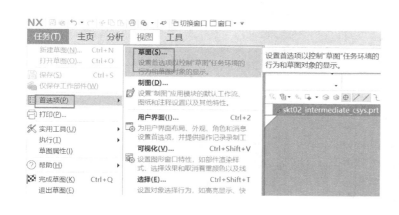

a)　　　　　　　　　　　　　b)

**图 4-1　保持图层状态设置**

a）打开"草图首选项"对话框　b）"保持图层状态"选项

1）构建设计意图。

2）检查与设置草图预设置。

3）创建草图与草图曲线。

4）根据设计意图约束草图。

草图创建与编辑模式包括：直接草图与草图任务环境。

直接草图命令位于"主页"选项卡的"直接草图"模块。用户可直接单击"直接草图"命令创建草图，具体如图 4-2 所示。

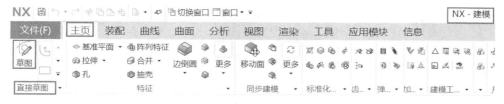

**图 4-2　"直接草图"命令创建草图**

大多数基本草图的命令可直接在"直接草图"模块中可见，更多高级命令在下拉列表中。当用户需要在建模环境下实时查看草图效果时，可通过直接草图创建草图。

用户有以下三点需求时，可以选择在草图任务环境中创建草图。

1）编辑内部草图。

2）支持草图修改，保留或忽略修改效果。

3）需要在另外的应用模块中创建草图。

使用直接草图创建点或曲线时，草图被创建并被激活。新的草图结点在部件导航器中被列出。指定的第一个点决定了草图平面、方向及位置。可以通过以下方式指定第一个点：屏幕位置、点、曲线、面、基准面、边、指定基准面及指定基准坐标系。

用户可以通过以下方法之一进入"草图"任务环境。

1）选择"菜单"→"插入"→"在任务环境中绘制草图"，如图 4-3 所示。

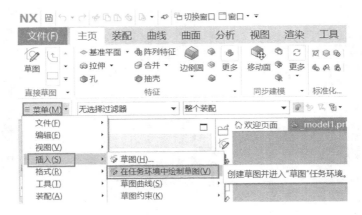

图 4-3　进入"草图"任务环境

2）可在草图任务环境中创建特征（如拉伸、孔等）的内部草图。具体为在"特征创建"对话框中单击特征对话框"![]"按钮进入草图任务环境。图 4-4 所示为"拉伸"特征下进入"草图"任务环境的步骤。

图 4-4　"拉伸"特征下进入"草图"任务环境

3）通过"回滚编辑"来编辑已有草图时，可在部件导航器中右键单击草图结点，选择"可回滚编辑"来打开"草图"任务环境，具体如图 4-5 所示。

任务草图类似于单独的应用，界面也更改为集中到草图工具的命令，但是应用仍然为建模应用。所有显示的浮动工具组支持草图工具。对于内部草图支持的特征，任务草图可用来创建与编辑草图。在草图任务环境中创建草图时，可以完成以下事项。

1）控制草图创建选项。

2）访问所有的草图工具。

3）在二维或三维环境下创建草图（默认为二维环境）。

4）控制模型更新行为的能力。

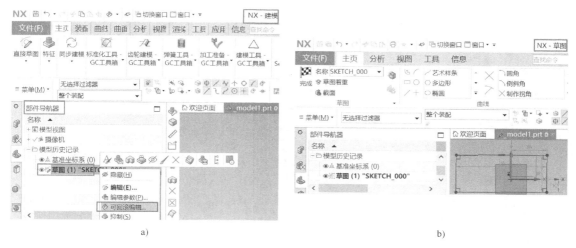

a)　　　　　　　　　　　　　b)

**图 4-5　通过"可回滚编辑"进入"草图"任务环境**

a）可回滚编辑　b）进入"草图"任务环境

## 4.1.5　草图绘制

NX 软件中草图曲线的基本形状包括：点、矩形、直线、圆弧、圆以及轮廓。

（1）点　NX 软件中，"点"作为结点或参照几何图形的点对象，对于对象捕捉和相对偏移是非常有用的。

用户可在功能区"主页"菜单栏的"直接草图"模块按图 4-6 所示单击"＋"图标，弹出草图"点"对话框，随后在工作区选择单击，如图 4-7 所示，完成点的创建。

**图 4-6　"点"对话框**

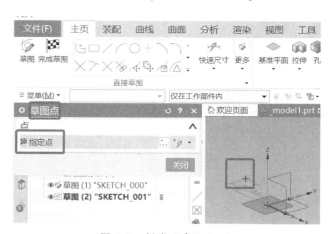

**图 4-7　创建"点"（一）**

用户也可通过单击"主页"→"草图"然后在"直接草图"组按图 4-8 所示单击"＋"图标来创建点。

（2）矩形　矩形是绘制平面图形时常用的简单图形，也是构成复杂图形的基本图形元素，在各种图形中都可作为组成元素。首先，在功能区"主页"→"直接草图"中单击"▢"图标，弹出"矩形"对话框，如图 4-9 所示。

图 4-8　创建"点"（二）

图 4-9　"矩形"对话框

NX 软件中有三种方法创建矩形，分别对应于矩形对话框中。

方法一：单击"矩形方法"的"　"图标，如图 4-10 所示。

图 4-10　单击"　"图标

绘图完成后，单击"完成草图"按钮，如图 4-11 所示。

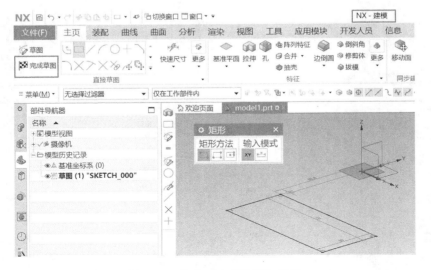

图 4-11　单击"完成草图"按钮

方法二：单击"矩形方法"的"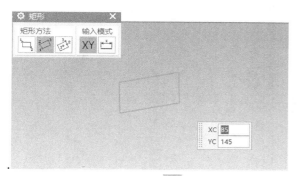"图标，如图4-12所示。

方法三：单击"矩形方法"的"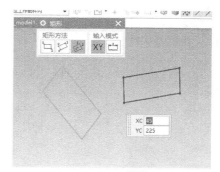"图标，如图4-13所示。

**图4-12　单击"＂图标**

**图4-13　单击"＂图标**

（3）直线　直线是各种绘图中最常用、最简单的一类图形对象，只要指定了起点和终点就可绘制一条直线。

1）在功能区"主页"菜单栏中下拉菜单"直接草图"模块，单击旁边的倒三角形图标"▽"，然后在"草图曲线集"中单击"／"图标，如图4-14所示。

**图4-14　单击"／"图标**

2）在弹出的"直线"对话框中，在"输入模式"上单击坐标模式"XY"图标，如图4-15所示。

图4-15中，坐标模式选项表示按照"XY"的坐标位置创建直线，参数模式选项表示按照输入参数的数值来创建直线。

3）绘制完成后，单击"完成草图"按钮，如图4-16所示。

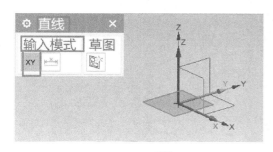

**图4-15　单击"XY"图标**

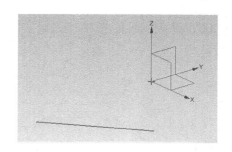

**图4-16　单击"完成草图"按钮**

（4）圆弧　圆弧是圆的一部分，它是一种简单图形。绘制圆弧与绘制圆相比要困难一些，除了圆心和半径外，圆弧还需要指定起始角和终止角。

1）在功能区"主页"菜单栏中下拉菜单"直接草图"模块单击圆弧命令"⌒"图标，如图4-17所示。

图4-17　单击"⌒"图标

2）绘制圆弧方法一：三点定圆弧。这三点是指要绘制圆弧经过的点。选择圆弧命令后，在弹出的"圆弧"对话框的"圆弧方法"中单击三点定圆弧"⌒"图标，如图4-18所示。

绘制完成后，单击"完成草图"按钮，完成草图绘制。

3）绘制圆弧方法二：中心和端点定圆弧。使用该方法绘制圆弧时，第一点为中心，后两点分别为圆弧的起点和终点。单击"圆弧"命令后，在弹出的"圆弧"对话框的"圆弧方法"中单击中心和端点定圆弧"⌒"图标，如图4-19所示。

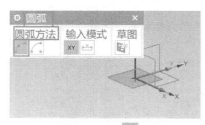

图4-18　单击"⌒"图标

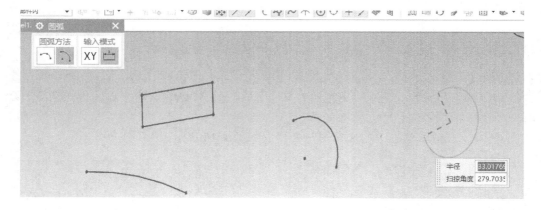

图4-19　绘制圆弧方法二

（5）圆　在"主页"→"直接草图"中单击图标"○"，弹出"圆"对话框，如图4-20所示。

在NX1847中，有两种方法创建圆：圆心和直径定圆、三点定圆。

方法一：圆心与直径，单击圆心和半径选项"⊙"，先设置要绘制的圆的圆心，再拖拉至所需的直径即可，如图 4-21a 所示。

方法二：三点定圆，单击三点定圆选项"⊙"，三点均为圆的必经点，具体如图 4-21b 所示。

（6）轮廓 在 NX1847 中以线串模式创建一系列连接的直线和/或圆弧。用户通过逐步单击"主页"→"直接草图"→轮廓命令"⌐"来进入轮廓绘制，具体如图 4-22 所示。

图 4-20 "圆"对话框

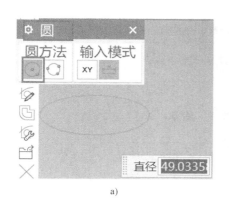
a)

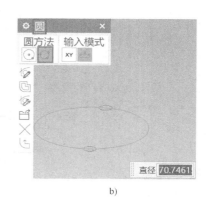
b)

图 4-21 创建"圆"

a）圆心和直径定圆 b）三点定圆

图 4-22 进入轮廓绘制命令

[例 4-1] 通过命令绘制图 4-23 所示的轮廓。

解：1）在 NX 软件建模界面，单击"主页"中"✎"，弹出"创建草图"对话框。在"创建草图"对话框中，按默认的"在平面上"单击"确定"按钮，直接创建草图，具体如图 4-24 所示。

2）依次选择"主页"中"直接草图"中的轮廓命令

图 4-23 [例 4-1] 轮廓示意图

图 4-24 "创建草图"命令对话框

"⌐" 绘制轮廓，如图 4-22 所示。在弹出的"轮廓"对话框中，在"对象类型"中单击直线图标"／"，完成横线与竖线的绘制，如图 4-25a 所示。然后，在轮廓对话框中选择弧线命令图标"⌒"，完成图 4-25b 所示的弧线绘制。随后，在"轮廓"对话框中选择直线命令图标"／"，完成最后一段竖线绘制，如图 4-25c 所示。

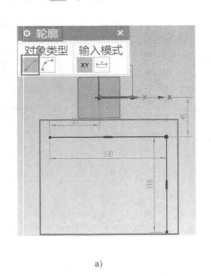

a)

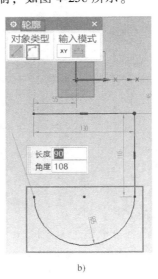

b)

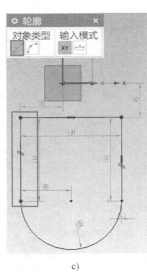

c)

图 4-25 绘制草图曲线

a）横线与竖线绘制　b）弧线绘制　c）左边竖线绘制

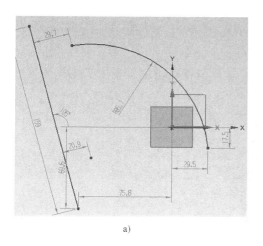 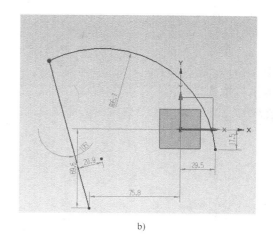

a)                            b)

**图 4-32 "制作拐角"命令使用实例**

a)"制作拐角"命令使用前    b)"制作拐角"命令使用后

可以依次单击以下内容打开"圆角"命令:"主页"→"直接草图"→圆角命令图标"〕"。

图 4-33 所示为"圆角"命令的使用实例。首先,依次选择需要制作圆角的两条曲线;然后,通过鼠标拖动或者键盘输入的方式确定圆角半径;最后,确定半径后得到最终圆角效果图。

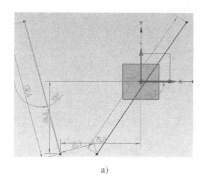 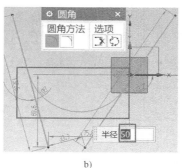 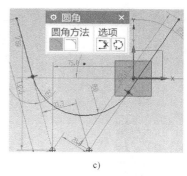

a)                          b)                          c)

**图 4-33 "圆角"命令使用实例说明图**

a)依次选择两条曲线    b)确定圆角半径    c)圆角效果图

注意:配方曲线是投影到草图上的具有关联性的曲线。如果通过添加圆角来扩展配方曲线,则会收到一条警告消息,警告将删除关联性。

**5. 倒斜角**

使用"倒斜角"命令可以将两条草图线之间的尖角变为斜角。可以依次单击以下内容打开倒斜角命令:"主页"→"直接草图"→倒斜角命令图标"〕"。"倒斜角"命令对话框如图 4-34 所示。

在图 4-34 中,"要倒斜角的曲线"中需要选择形成尖角的两条草图线条,可以分别选择两条线,也可以直

**图 4-34 "倒斜角"命令对话框**

接用鼠标划过两条线；可以通过勾选"修剪输入曲线"选项来使形成的斜角与其他曲线断开。

可以通过对称、非对称，以及偏置和角度三种方式定义斜角。图 4-35、图 4-36 和图 4-37 分别为相同的草图曲线通过对称、非对称，以及偏置和角度三种方式定义斜角的过程与斜角效果图。其中，图 4-35 和图 4-36 在制作斜角时未选中"修剪输入曲线"，图 4-37 在制作过程中选择了"修剪输入曲线"。

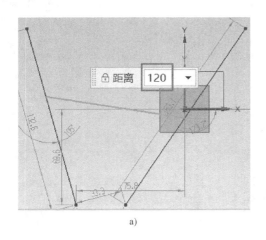
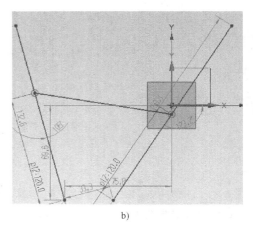

a)　　　　　　　　　　　　　　　　　b)

**图 4-35　对称方式确定斜角**

a）确定距离　b）效果图

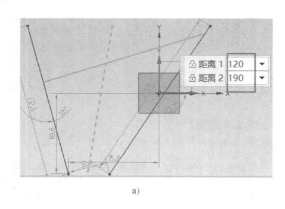
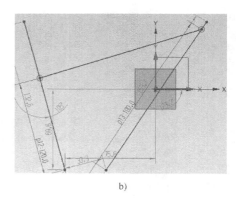

a)　　　　　　　　　　　　　　　　　b)

**图 4-36　非对称方式确定斜角**

a）确定距离　b）效果图

注意：配方曲线是投影到草图上的具有关联性的曲线。如果通过添加倒斜角来扩展配方曲线，则会收到一条警告消息，警告将删除关联性。

当需要完成一种操作，而这种操作有多种可能的解算结果时，系统会显示尺寸或几何约束可能的其他方案。这些可能的方案称为"备选解"，如图 4-36a 和图 4-37a 中的虚线显示均为斜角的一个备选解。

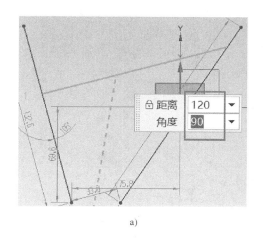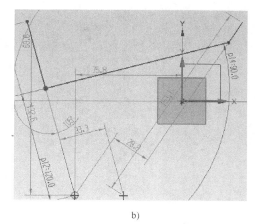

|  |  |
|---|---|
| a) | b) |

图 4-37　偏置和角度方式确定斜角

a）确定偏置距离和角度　b）效果图

## 4.1.7　草图约束

草图约束可以精确控制草图对象，表达设计意图。草图约束分为几何约束和尺寸约束。

1）几何约束维持草图对象或草图对象之间的几何关系，可以维持线竖直或水平、两条线垂直或平行等几何关系。图 4-38 所示为几何约束示意图。其中，①~⑥分别代表相切、竖直、水平、偏置、垂直和共点。

2）尺寸约束又称为驱动尺寸，可指定与维护草图几何或草图几何之间的尺寸。尺寸约束可以建立草图对象的大小，如圆弧半径、曲线长度等；还可以建立两个草图对象之间的关系，如两点之间的距离。图 4-39 所示为尺寸约束示例。

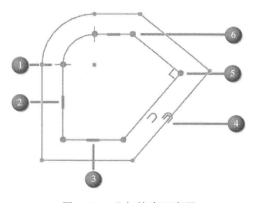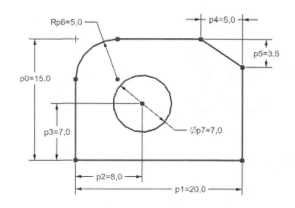

图 4-38　几何约束示意图　　　　　图 4-39　尺寸约束示例

尺寸约束看上去很像工程尺寸，但是工程尺寸只是起标注作用，而尺寸约束可控制草图对象的尺寸。

### 1. 草图自由度

NX 软件使用两种方法来显示草图需要的几何约束或尺寸约束，即自动尺寸和自由度箭头。图 4-40 中的数字为自动尺寸，图 4-41 中三个小方框内的箭头为自由度箭头。

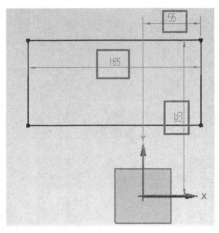

图 4-40　自动尺寸示意图

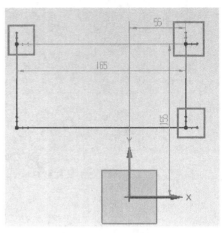

图 4-41　自由度箭头示意图

默认情况下，当连续自动尺寸选项打开时，NX 软件创建自动尺寸可显示哪些地方需要添加约束。连续自动尺寸的打开方式为：依次选择 "主页"→"直接草图" 页面中选中 "更多"→"连续自动标注尺寸" 命令。"连续自动标注尺寸" 命令开启效果如图 4-42 所示。

注意："连续自动标注尺寸" 命令开启后，草图将会显示标注尺寸；再次关闭 "连续自动标注尺寸" 后，标注的尺寸不会消失。只有在绘制草图之前关闭该命令选项，绘制后的草图才不会出现标注尺寸。

自由度箭头可标识。草图上可以自由移动的点位置。有三种自由度类型，即位置类型、角度类型和半径类型。图 4-43 所示为位置类型的约束。

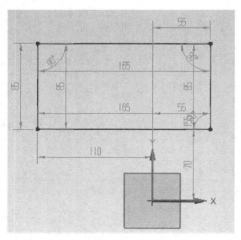

图 4-42　"连续自动标注尺寸" 命令开启效果

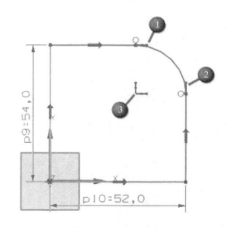

图 4-43　自由度箭头位置类型的约束

1）点 "①" 只在 $X$ 方向可以自由移动。

2）点 "②" 只在 $Y$ 方向可以自由移动。

3）点 "③" 在 $X$ 和 $Y$ 方向均可自由移动。

如果约束的增加限制了草图点在某些方向的运动，则相应减少自由度箭头，当自由度全部消失时，草图为全约束状态。约束草图是一个可选项，欠约束草图同样可定义特征。自由度箭头不显示，是因为自动尺寸限制了自由度；当需要几何约束或尺寸约束命令激活时，自由度箭头就会显示。当添加约束后，NX 软件会移除相应的自由度箭头或自动尺寸。约束会保证草图的形状，因此建议至少保证形状全约束，而位置约束不是一定要满足的。

### 2．过约束草图

当添加到草图对象的几个约束之间有多余或互相矛盾时，则会出现过约束或约束冲突的情况。过约束情况必须避免，因为会导致系统无法解算。系统会以不同的颜色显示约束状态，实际显示颜色由预设置控制。图 4-44 所示为尺寸过约束的示意图。其中，"①"为红色标识，表示尺寸约束出现过约束；"②"为红色，表示几何约束出现过约束；"③"为灰色，表示未解算曲线。

当用户选择过约束尺寸时，状态栏会告知尺寸是过约束的。将光标放置到草图对象时，提示信息会告知该对象是否是过约束的。图 4-45 所示为"更新草图"提示界面。

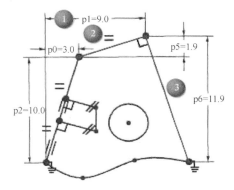

图 4-44　尺寸过约束示意图

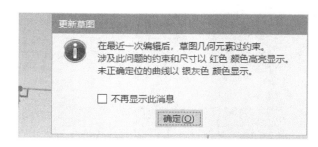

图 4-45　"更新草图"提示界面

### 3．几何约束

几何约束定义草图对象间的几何关系。用户可以通过几何约束定义直线是水平或垂直、多条直线的平行关系、多条圆弧有相等的半径，以及定位草图等。在 NX CAD 中，几何约束有相切、竖直、水平、偏置、垂直和重合六种关系。

创建几何约束有两种方式：对话框创建与快捷工具条创建。

（1）几何约束对话框创建方式　可依次单击以下内容打开"几何约束"命令："主页"→"直接草图"→"更多"→"几何约束"，如图 4-46 所示。

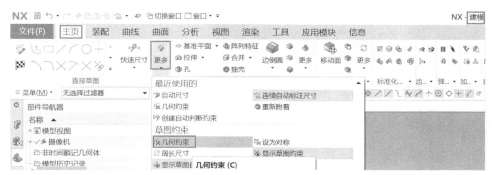

图 4-46　"几何约束"命令入口

"几何约束"命令对话框如图 4-47 所示。其中，"约束"为需要添加的约束类型；"要约束的几何体"中首先要添加"选择要约束的对象"，再选择基准约束对象；必须首先选择约束类型，后选择要约束的对象。该方式可以快速地为多个对象添加相同的约束。

图 4-47 "几何约束"命令对话框

注意：勾选"自动选择递进"框，不需要单击鼠标中键（或滚轮）来聚焦选择对象控件。可以通过设置修改优选的约束。

（2）几何约束快捷工具条 当单击鼠标左键选择曲线时，快捷工具条将显示对应于选择曲线的所有可能的约束。将鼠标箭头移动到对应的光标上即可显示每个选项的作用，如图 4-48 所示。

当选择几何约束符号时，快捷工具条将显示"删除"约束命令。可以用"快速拾取"命令来选择要删除的约束，如图 4-49 所示。

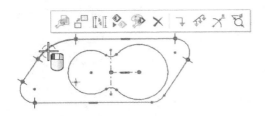

图 4-48 几何约束快捷工具条打开界面

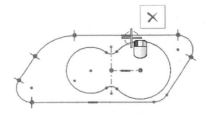

图 4-49 "删除"约束命令显示

需要注意的是：对草图进行修剪操作时，若使用"创建自动判断约束"命令，修剪操作完成后会添加合适的约束。这些约束包括以下六种。

1）同心：约束两条或多条选定的曲线，使之同心。

2）重合：约束两个或多个选定的顶点或点，使之重合。

3）点在曲线上：约束一个选定的点或顶点，使之位于选定的曲线上。

4）共线：约束两条或多条选定的直线，使之共线。

5）等半径：约束两个或多个选定的圆弧，使之半径相等。

6）相切：约束两条选定的曲线，使之相切。

在延伸操作中使用"创建自动判断约束"命令时，延伸操作完成后会添加合适的约束，这些约束包括"重合""点在曲线上""相切"。

## 4.2 草图编辑

### 4.2.1 镜像曲线

"镜像曲线"命令用于创建所选曲线的一份镜像拷贝。可以依次单击以下命令打开"圆角"命令："主页"→"直接草图"→镜像曲线命令图标"⚖"。

"镜像曲线"命令对话框如图 4-50 所示。其中，"要镜像的曲线"为希望镜像的曲线；"中心线"为原曲线与镜像曲线之间的中心线。如果在"设置"中选择了"中心线转换为参考"，则使用镜像曲线命令后中心线变为虚线。

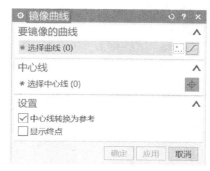

图 4-50 "镜像曲线"命令对话框

图 4-51b 为对图 4-51a 中的草图曲线使用"镜像曲线"命令的使用实例。

使用"镜像曲线"命令时，系统会创建一个镜像约束以维持两者的关联，如图 4-51c 中右侧小方框内的图标"❖"。因此，镜像部分无须再次进行约束。且两个镜像曲线只有一个存在，镜像曲线是通过命令生成的。同时，镜像的中心线可根据需要决定是否转为参考。图 4-51c 中中间方框内的虚线，即为在用"镜像曲线"命令时，设置部分选择了"中心线转换为参考"。

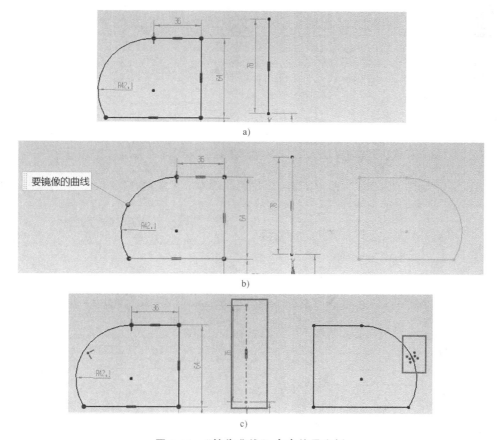

图 4-51 "镜像曲线"命令使用实例

a) 原始草图曲线　b) 使用"镜像曲线"命令　c) "镜像曲线"命令效果图

NX 软件中的"直接草图"模块还有很多命令，如"设为对称""添加现有曲线""交点""相交曲线""投影曲线""派生直线"等，可为草图创建提供更多便捷操作。

### 4.2.2 重新附着草图

使用"重新附着草图"命令可以方便地将基于平面的草图与基于路径的草图切换，完成以下工作：

1）移动草图到另一不同的平面、几何面或路径。

2）把基于面的草图转为基于路径的草图，反之亦可。

3）更改基于路径的草图的位置。

4）指定草图新的水平或垂直参考。

用户可以依次单击以下命令打开"重新附着草图"命令："主页"→"直接草图"→"更多"→"重新附着"，如图 4-52 所示。

图 4-52 "重新附着草图"命令入口

重新附着草图的方式有两种：在平面上和基于路径。图 4-53a 和图 4-53b 分别为两种方

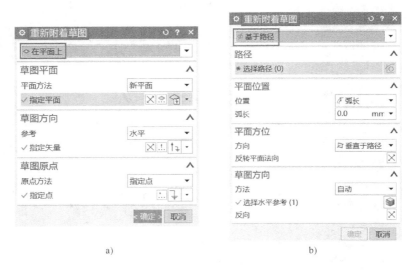

a)                                    b)

图 4-53 "重新附着草图"命令对话框

a）在平面上方式重新附着草图    b）基于路径方式重新附着草图

式下的"重新附着草图"命令对话框。在图 4-53a 中，草图平面为需要附着草图的平面；草图方向为需要附着草图的平面法向量；草图原点为需要附着草图平面上草图的放置原点。在图 4-53b 中，路径为放置草图的基准路径；平面位置以路径上的弧长来表示。

图 4-54 所示为在平面上重新附着草图的实例。

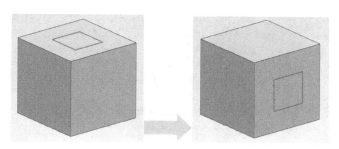

图 4-54　在平面上重新附着草图实例

## 4.3　基准特征

在 NX 软件建模过程中，常常需要借助辅助的点、线、面等来完成产品的造型建模。这些辅助虽然不直接构成模型的一部分，但却是造型建模过程中必不可少的。在 NX 软件中将这些辅助建模的线、面和坐标系称为基准特征。即基于需要构建参考特征，辅助其他特征的创建。NX 软件中的基准特征包括：基准轴、基准平面、基准坐标系。

基准特征在设计中可以应用在以下几个方面。

1）安放成形特征和草图的表面。

2）设计特征和草图的定位参考。

3）扫描特征的拉伸方向或旋转轴。

4）通孔通槽的通过表面。

5）修剪平面。

6）装配建模中的配对基准。

### 4.3.1　基准轴

用户使用"基准轴"命令定义一个线性的参考对象，以辅助创建其他对象，如基准平面、回转特征、拉伸特征及圆周阵列等。图 4-55 所示为基准轴的示意图。

基准轴可以分为关联基准轴（又称为相对基准轴）与非关联基准轴（又称为固定基准轴）两种类型。相对基准轴引用曲线、面、边、点及其他基准。用户可以通过多体操作创建相对基准轴。固定基准轴不引用其他任何几何基准。在"基准轴"对话框中取消关联选项，然后用创建相对基准的方法就可以创建固定基准。在使用时，建议优先使用相对基准，固定基准最好只在建模开始时使用，且作为根特征。

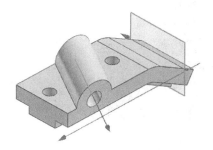

图 4-55　基准轴示意图

用户可以依次单击以下命令打开"基准轴"命令："主页"→"特征"→"基准轴"，如图 4-56 所示。

图 4-56 "基准轴"命令入口

用户可以通过自动判断、交点、曲线/面轴、曲线上矢量、XC 轴、YC 轴、ZC 轴、点和方向，以及两点九种方式创建基准轴。表 4-1 为九种基准轴创建方式的含义。

表 4-1 九种基准轴创建方式的含义

| 序号 | 基准轴创建方式 | 含义 | 图例说明 |
|---|---|---|---|
| 1 | 自动判断 | 基于输入自动判断结果 | |
| 2 | 交点 | | |
| 3 | 曲线/面轴 | 基于线性曲线、边或柱面、锥面、环面等的轴线创建基准面 | |
| 4 | 曲线上矢量 | 基于所选曲线上的点与曲线相切、正交或次法线方向，或垂直、平行于另一对象 | |
| 5 | XC 轴 | 基于工作坐标系的 X 轴创建基准轴 | |
| 6 | YC 轴 | 基于工作坐标系的 Y 轴创建基准轴 | |
| 7 | ZC 轴 | 基于工作坐标系的 Z 轴创建基准轴 | |
| 8 | 点和方向 | 创建经过指定的一点并平行于指定方向的基准轴 | |
| 9 | 两点 | 创建从第一点指向第二点的基准轴 | |

使用 YC 轴、XC 轴或 ZC 轴方法创建的基准轴，或任何关联性未设置的基准轴，编辑时显示为固定基准轴类型。

如图 4-57 所示，以"自动判断"方式为例，讲述基准轴的创建。其中，图 4-57b 所示的"基准轴"选项中，"轴方位"中的反向表示遍历可能的轴法向；"设置"中的关联表示清除该选项将创建固定基准轴。

当编辑基准轴时，可改变基准轴类型，定义对象及关联性。

## 4.3.2 基准平面

基准平面用于创建"平"的参考特征，同时用于辅助在圆柱、圆锥、球、回转体等形状上创建其他特征。当特征定义平面和目标实体上的表面不平行时，辅助建立其他特征，或

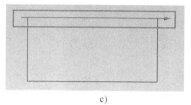

a) b) c)

**图 4-57 以"自动判断"方式创建基准轴**

a）选择"自动判断"方式创建 b）选择"定义轴的对象" c）基准轴效果图

者作为实体的修剪面等。基准平面在视图中的表示类似一个平面，但其边界无穷大，用户可根据需要调整其在视图中的显示大小。

基准平面分为相关和不相关两种类型。相关基准平面，即相对基准，基于已有对象创建，并和已有对象保持关联，当已有对象更改时，基准会随之发生变化；不相关基准平面，即固定基准，基于 WCS 或 ACS 创建，不依赖于已有的任何对象。建议优先使用相对基准，固定基准最好只在建模开始时使用，且作为根特征。

**图 4-58 "基准平面"命令入口**

用户可以依次单击以下命令打开"基准平面"命令："主页"→"特征"→"基准平面"，如图 4-58 所示。

基准平面的创建方式共有十五种：自动判断、按某一距离、成一角度、二等分、曲线和点、两直线、相切、通过对象、点和方向、曲线上、YC-ZC 平面、XC-ZC 平面、XC-YC 平面、视图平面和按系数。表 4-2 为不同基准平面创建方式的含义。

**表 4-2 不同基准平面创建方式的含义**

| 序号 | 基准平面创建方式 | 含义 | 图例说明 |
|---|---|---|---|
| 1 | 自动判断 | 推断模式,基于给定的输入,自动推断结果,是首选的创建方式 | |
| 2 | 按某一距离 | 创建相对于选定平面偏置一个距离的基准面 | |
| 3 | 成一角度 | 创建过一个轴与指定平面成一定角度的基准面 | |
| 4 | 二等分 | 基于指定的两个平面,生成两者之间的中分面(角平分面) | |

（续）

| 序号 | 基准平面创建方式 | 含义 | 图例说明 |
|---|---|---|---|
| 5 | 曲线和点 | 基于指定的曲线和点，生成基准面。曲线和点有多种组合，包括点、线、边、基准轴、平的面的组合，如三点、一点和一线 | 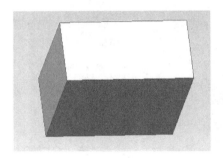 |
| 6 | 两直线 | 基于两条线生成基准面，可以是直线、直边、基准轴 | |
| 7 | 相切 | 创建相切于所选曲面对象，并与第二对象相关的基准面 | |
| 8 | 通过对象 | 基于已有的平面创建基准面 | |
| 9 | 点和方向 | 基于指定的点和给定的方向创建基准面 | |
| 10 | 曲线上 | 基于给定的曲线或边的指定位置创建基准面 | |
| 11 | YC-ZC 平面 | 基于工作坐标系下 YC-ZC 平面创建基准面 | |
| 12 | XC-ZC 平面 | 基于工作坐标系下 XC-ZC 平面创建基准面 | |
| 13 | XC-YC 平面 | 基于工作坐标系下 XC-YC 平面创建基准面 | |
| 14 | 视图平面 | 基于视图平面创建基准面 | |
| 15 | 按系数 | 基于绝对坐标系或工作坐标系的每个坐标相乘一定的系数来创建基准面 | |

［例 4-2］ 根据图 4-59 所示的模型（素材-第 4 章-07. prt）创建基准平面。

**解**：1）打开素材-第 4 章-07. prt，如图 4-59 所示。

2）依次单击以下命令打开"基准平面"命令，即"主页"→"特征"→"基准平面"，弹出"基准平面"对话框。在绘图区选择对话框中的"选择对象"，在"距离"中设置数字"10"。其余按默认设置，单击"确定"按钮，如图 4-60 所示。

3）单击"确定"按钮后，"基准平面"效果如图 4-61 所示。

图 4-59 ［例 4-2］模型

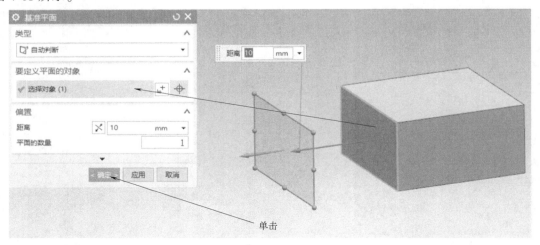

图 4-60 设置"基准平面"对话框

## 4.3.3　基准坐标系

基准坐标系（图4-62）可快速定义包含一系列参考对象的坐标系。这些参考对象可关联地定义其他特征的方位。大部分用户的模板文件里已经在绝对坐标系位置预置了一个基准坐标系。用户根据造型的需要可随时创建、删除、隐藏或者旋转移动基准坐标系；也可以根据需要建立多个基准坐标系。

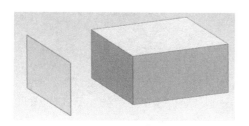

图4-61　"基准平面"效果图

图4-62　"基准坐标系"示意图

基准坐标系包括一个坐标系、一个原点、三个基准平面和三个基准轴，显示为部件导航器中的一个特征。

用户可以依次单击以下命令打开"基准坐标系"命令："主页"→"特征"→"基准坐标系"，如图4-63所示。

图4-63　"基准坐标系"命令入口

图4-64所示为"基准坐标系"对话框。

可以看出，基准坐标系的创建可以：相对于 WCS（工作坐标系）或 ACS（绝对坐标系）的一个固定位置，关联于已有几何体创建，或由已有的基准坐标系偏置而来。

一般来说，基准坐标系有如下应用：

1）定义草图和特征的放置面、约束以及定位。

2）定义特征所需的方向。可用基准坐标系来辅助定义特征的位置与方向。当没有方便的边或面或者需要通过多个平移或角度参数来控制特征的位置时，基准坐标系就显得非常有帮助。

图4-64　"基准坐标系"对话框

3）定义模型空间中的产品位置并通过移动和旋转参数来控制它们。

4）在装配中定义约束以定位组件。

如图 4-65 所示，以飞机模型为例，可以在绝对坐标系远点创建基准坐标系来定义机身坐标系；可用另一基准坐标系来定义机翼坐标系；可用机翼坐标系作为设计参考，并定位机翼装配结构中的组件。

图 4-65　定义飞机中的关键位置

# 4.4　表达式

表达式是定义模型特征参数的算数公式或条件语句。当进行创建特征、添加草图尺寸约束、定位特征和约束装配这几种操作时，NX 软件会自动创建表达式。

表达式名称是可以用于其他表达式的变量，一般用来分解长的表达式并定义表达式之间的关系。表 4-3 为表达式的一些样例。所有表达式都有一个唯一的名称与公式，该公式包含了变量、函数、数字、操作，以及符号的组合。

表 4-3　表达式样例

| 表达式名称 | 公式 | 数值 |
| --- | --- | --- |
| length | 5 * width | 20 |
| p39（Extrude（6）End Limit） | p1+p2 * （2+p8 * sin（p3）） | 18.849555921 |
| p26（Simple Hole（9）Tip Angle） | 118 | 118 |

表达式名称对英文字母大小写不敏感，但是如果尺寸设为常数，则表达式名称对英文字母大小写敏感；如果表达式在 NX3.0 之前的版本创建，表达式名称对英文字母大小写敏感。

用户可以依次单击以下命令打开"表达式"命令："工具"→"实用工具"→"表达式"，如图 4-66 所示。

图 4-66　"表达式"命令入口

"表达式"对话框如图 4-67 所示。

表达式的创建有两种方式。第一种，创建特征与草图约束尺寸时，系统自动创建，通常格式为 p#。其中，"#"是整数类型的序列号，如图 4-68 所示；第二种，用户自定义表达式，输入名称、公式等，例如，Rad = 5.00。在"表达式"对话框中的"名称"框输入表达式名称，"公式"框输入公式，如图 4-68 所示。

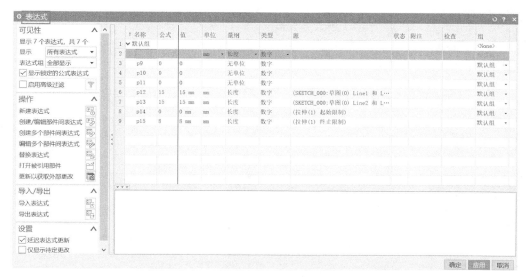

图 4-67　"表达式"对话框

图 4-68　表达式创建示例

需要注意的是输入表达式名称后，可以按<Tab>键、<＝>（等号）键或<Enter>键将光标焦点移到公式框。

为了查看指定特征关联的表达式列表，可以进行如下操作。

1）在表达式对话框的"显示"中选择"所有表达式"，然后在视图中选择特征，那么只有所选特征关联的表达式被显示出来。注意：特征名称也在表达式中被显示出来，例如，p8［Simple Hole（5）Diameter］。

2）在部件导航器中右键单击特征，选择信息命令。

为了查看更多特定的表达式，依次选择"菜单"→"信息"→"表达式"命令，然后选择"列出装配中的所有表达式"或"按草图列出表达式"，如图 4-69 所示。

为了查看表达式是否被其他表达式引用，以及哪些特征使用了该表达式，可以在表达式对话框中用鼠标左键单击要查看的表达式，然后单击鼠标右键，在列出的菜单中选择"列出引用"命令，可以查看该表达式被引用的信息，如图 4-70 所示。

NX 软件的表达式支持条件判断，可基于此设计逻辑满足零件或产品的智能化要求。其中，条件判断使用"if else"结构来实现，语法格式如下：

变量名＝if（本条件为真）（那么取此值）else（否则取本值）

同时，条件语句支持逻辑运算 AND（&&）、OR（||）、NOT（!）。图 4-71 所示为表达式条件判断的实例。其中，表达式 Wdth 的含义为：若参数 p9 >0 且参数 p9<10，那么 Wdth ＝3，否则 Wdth＝5。该例中，p9＝0mm，则 Wdth＝5mm。

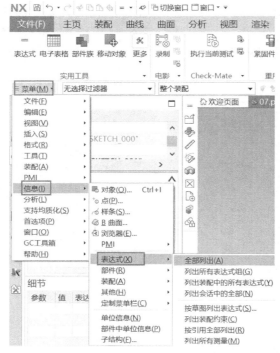

图 4-69　更多特定表达式

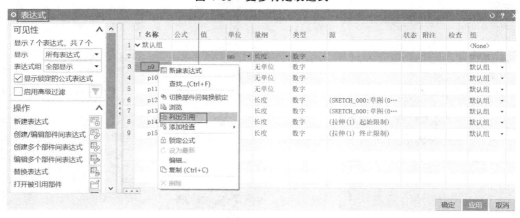

图 4-70　"列出引用"命令

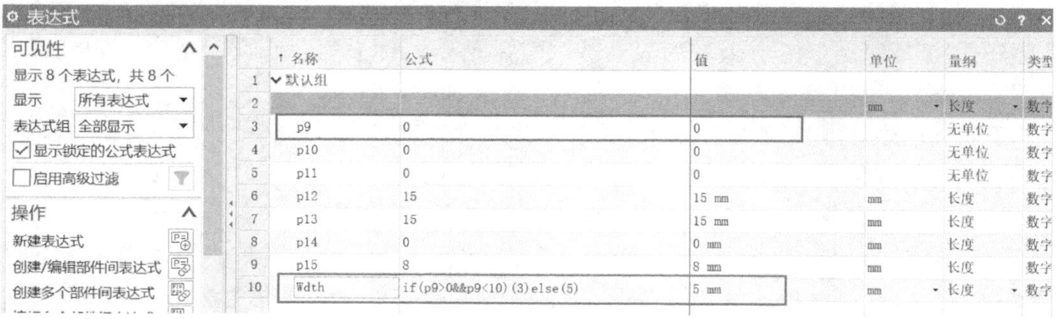

图 4-71　表达式条件判断实例

不能删除被特征、草图以及装配约束等使用的表达式。

## 思考与练习题

1. 什么是草图？
2. 可以利用草图创建什么？
3. 基于特征的建模过程设计流程是什么？
4. 构建草图的一般流程是什么？
5. 构建设计意图与建模策略时，都需要考虑什么？
6. 草图有几种创建方式，分别是什么？
7. 基准特征的作用是什么？ NX 软件中包含几种基准特征，分别是什么？
8. 完成图 4-72 所示图样的草图设计。

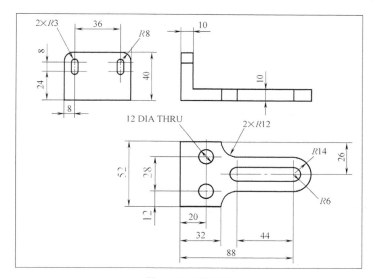

图 4-72　题 8 图

# 第 5 章

# NX CAD软件实体特征

在学习完草图的建立、编辑及基准特征和表达式之后，用户可以根据需要对草图完成设计。在此基础上，开始实体建模。这一部分为实体特征，主要包括布尔运算、扫掠、细节特征编辑、创建设计特征、关联复制、修剪编辑、偏置/缩放等。

## 5.1 布尔运算

布尔运算通过对两个以上的物体进行并集、差集、交集运算，从而得到新实体特征，用于处理实体造型中多个实体的合并关系。在 NX1847 中系统提供了三种方式分别是合并、减去、相交。

### 1. 合并

在 NX 软件中，"合并"是指将多个实体生成一个新的实体，如果组合一些不相交的实体，显示效果看起来还是多个实体，但实际却是一个对象。"合并"必须至少满足面接触。

"合并"命令的位置在"主页"菜单栏中"特征"模块中，如图 5-1 所示。

图 5-1 "合并"命令位置

[例 5-1] 对图 5-2 所示的模型（素材-第 5 章-014. prt）进行合并。

**解：**1）打开素材-第 5 章-014. prt，如图 5-2 所示。

2）依次单击"主页"→"特征"→"合并"，如图 5-1 所示，在弹出的"合并"对话框中，按照图 5-3 所示的内容，将上面较小实体选为

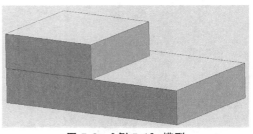

图 5-2 [例 5-1] 模型

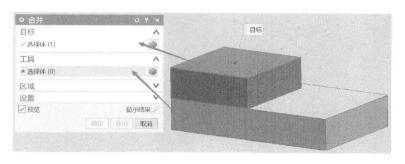

图 5-3 "合并"对话框

目标体,将下面较大实体选为工具体。

在"布尔操作"对话框中,目标体为被操作对象,只能有一个;工具体为操作对象,可以有一个或多个。

3)其余为默认设置,单击"确定"按钮,"合并"命令效果如图 5-4 所示。

**2. 减去**

在 NX1847 中,"减去"命令可将所选的实体特征中删除一个或者多个实体,从而生成一个新的实体特征。即从一个目标体减去一个或多个工具体的空间。其中,目标体必须是实体,工具体

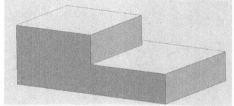

图 5-4 "合并"命令效果

通常是实体;且减去部分必须满足目标体和工具体两者有重叠部分。

在"主页"菜单栏的下拉菜单"特征"模块中单击"合并"旁边的倒三角形,即可看到"减去"命令,如图 5-5 所示。

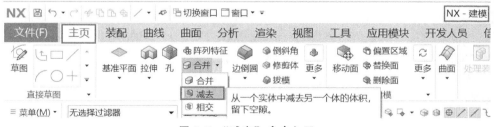

图 5-5 "减去"命令入口

[例 5-2] 对图 5-6 所示的模型(素材-第 5 章-015. prt)应用"减去"命令。

**解:**1)打开素材-第 5 章-015. prt,如图 5-6 所示。

2)在"主页"菜单栏的下拉菜单"特征"模块中单击"合并"旁边的倒三角形,在选项中单击"减去"命令,系统弹出"减去"对话框,如图 5-7 所示。其中,"目标"为被执行"减去"操作的实体,"工具"为做"减去"操作的实体。

3)按照图 5-8 所示,依次选择大长方体为目标体,两个圆柱体为工具体,其余为默认设置。

4)在"减去"对话框单击"确定"按钮,"减去"效果如图 5-9 所示。

图 5-6　［例 5-2］模型

图 5-7　"减去"对话框

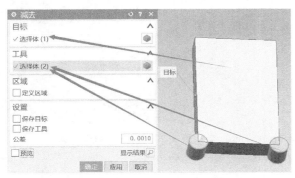

图 5-8　"减去"对话框设置

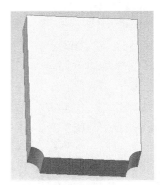

图 5-9　"减去"效果图

### 3. 相交

在 NX1847 中，"相交"是指将两个或两个以上的实体特征对象的非公共部分删除，从而保留相交部分的实体。即该命令创建一个包含目标体和一个或多个工具体共有空间或区域的实体。且用户可以通过实体和实体、片体和片体或片体和实体来做相交，但是不能通过实体和片体来做相交。相交必须满足两者有重叠部分。

"相交"命令的位置在"主页"菜单栏的"特征"模块中"合并"旁边的倒三角形列表的选项中，如图 5-10 所示。

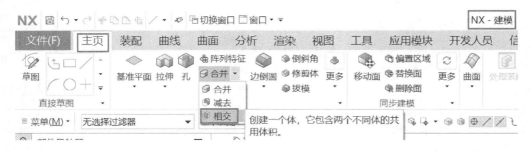

图 5-10　"相交"命令位置

［例 5-3］　对图 5-11 所示的模型（素材-第 5 章-016. prt）应用"相交"命令。

解：1）打开素材-第 5 章-016. prt，如图 5-11 所示。

2）在"主页"菜单栏的下拉菜单"特征"模块中单击"合并"旁边的倒三角形，在选项中单击"相交"命令，系统弹出"求交"对话框。在绘图区，将长方体选为目标体，将两个圆柱体选为工具体，如图 5-12 所示。

3）在"求交"对话框单击"确定"按钮后，"相交"效果如图 5-13 所示。

图 5-11　［例 5-3］模型

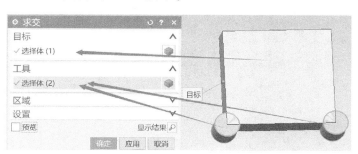

图 5-12　"求交"对话框设置

图 5-13　"相交"效果图

## 5.2　扫掠

扫掠命令是指通过沿一条或多条引导线扫掠截面来创建体，使用各种方法控制沿着引导线的形状。扫掠特征中有两大基本元素：扫掠轨迹和扫掠截面。利用扫描特征工具可以将二维图形轮廓线作为截面轮廓，并沿所指定的引导路径曲线运动扫掠，从而得到所需的三维实体特征。

可以依次单击以下命令打开"扫掠"命令："主页"→"特征"→"扫掠"，如图 5-14 所示。

图 5-15 所示为"扫掠"对话框。其中，"截面"为期望扫掠后得到实体的截面，截面线串可以是曲线、曲线链、草图、实体边缘、实体表面和片体；"引导线"为扫掠的轨迹。用户也可以根据自己的需求对截面做一定的特殊设置。

扫掠特征是构成部件非解析形状毛坯的基础，是相关和参数化的特征，它与截面线串、拉伸方向、旋转轴及引导线串、修剪表面/基准面相关联。所有扫描参数随部件存储，可随时编辑。

拉伸特征和旋转特征都可以看作扫描特征的特例。拉伸特征的扫描轨迹是垂直于草图平面的直线，而旋转特征的扫描轨迹是圆周。

［例 5-4］　对图 5-16 所示的模型（素材-第 5 章-018. prt）应用"扫掠"命令。

解：1）打开素材-第 5 章-018. prt，如图 5-16 所示。

2）依次单击以下命令打开扫掠命令："主页"→"特征"→"扫掠"，并如图 5-17 所示选择截面和引导线，其余为默认设置。

3）在"扫掠"对话框中单击"确定"按钮后，得到图 5-18 所示的效果图。

图 5-14 "扫掠"命令入口

图 5-15 "扫掠"对话框

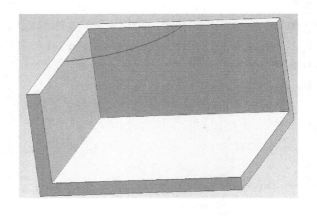

图 5-16 ［例 5-4］模型

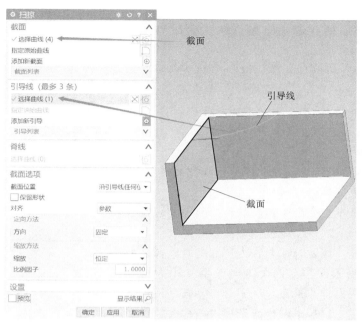

图 5-17 设置 "扫掠" 对话框

## 5.2.1 拉伸

"拉伸" 指截面线串沿指定方向拉伸扫掠，即沿指定的线性方向延伸所选的一组截面线串形成实体或片体，截面线串可以由曲线、边、面、草图或特征曲线等构成。

"拉伸" 命令的入口为："主页"→"特征"→"拉伸"，如图 5-19 所示。

图 5-20 所示为 "拉伸" 命令对话框，表 5-1 为 "拉伸" 对话框选项说明。

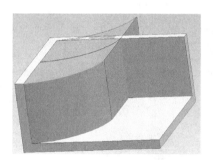

图 5-18 "扫掠" 效果图

图 5-19 "拉伸" 命令入口

表 5-1 "拉伸" 对话框选项说明

| "拉伸"对话框选项 | 说明 |
| --- | --- |
| 截面线 | 进行拉伸操作的曲线，可以是曲线、曲线链、草图、实体边缘、实体表面和片体 |
| 方向 | 拉伸方向 |
| 限制 | 能够设置拉伸的方式 |

在"拉伸"命令中，用户可以进行如下操作：

1）通过拖拽手柄或输入距离值来改变拉伸特征的尺寸。

2）把拉伸特征和现有的实体进行求和、求减、求交的运算。

3）在单一拉伸特征中产生多个实体或片体。

4）通过面、基准面或实体修剪拉升特征。

5）添加拔模角到拉伸特征。

6）在拉伸特征里定义偏置，即从基本截面轮廓出发，向两侧偏置，形成壳体。

表5-2为"拉伸"命令中距离的起始与终止限制选项说明。

带偏置的拉伸：偏置选项允许为拉伸与旋转截面轮廓指定两个方向的偏置距离。两个方向的偏置距离可不相同。偏置选项说明见表5-3。

带拔模的拉伸：拉伸中的拔模选项可为拉伸特征的多边指定拔模或坡度。注意：只能基于平的截面创建带拔模的拉伸。"拉伸"命令中拔模类型说明见表5-4。

**图5-20 "拉伸"命令对话框**

表5-2 "拉伸"命令中距离的起始与终止限制选项说明

| 选项 | 说明 |
|---|---|
| 值 | 指定拉伸的起始与终止值，用数字表示 |
| 对称值 | 起始与终止的距离值相同 |
| 直至下一个 | 将拉伸特征延伸至拉伸方向的下一个实体 |
| 直至选定 | 将拉伸特征延伸至选择的面、基准面、实体 |
| 直至延申部分 | 裁剪拉伸特征（如果是实体）到选定的面，拉伸截面延伸至面的边外 |
| 贯通 | 将拉伸特征延伸，完全穿过指定方向路径上的所选实体 |

表5-3 "拉伸"命令中偏置选项说明

| 偏置选项 | 说明 |
|---|---|
| 无 | 无偏置 |
| 单侧 | 带单向偏置的拉伸 |
| 两侧 | 相对于原始定义线串指定偏置的起始距离与终止距离 |
| 对称 | 相对于原始定义线串，为两个方向指定相同的偏置距离 |
| 开始 | 从截面开始，指定起始的偏置值 |
| 截止 | 从截面开始，指定终止的偏置值 |

表 5-4　"拉伸"命令中拔模类型说明

| 拔模类型 | 说明 |
| --- | --- |
| 从起始限制 | 从拉伸的起始截面开始拔模,起始截面形状在拉伸起始位置保持不变 |
| 从截面 | 从拉伸的起始截面开始拔模,起始截面形状在截面位置保持不变 |
| 从截面-不对称角 | 当从截面双向拉伸时可用,从拉伸截面开始偏置,正向与负向坡度不同 |
| 从截面-对称角 | 当从截面双向拉伸时可用,从拉伸截面开始偏置,正向与负向坡度相同 |
| 从截面匹配的终止处 | 当从截面双向拉伸时可用,从拉伸截面开始偏置,负向拔模的角度与正向角度成一定关系,从而保证起始位置截面与终止位置截面形状相同 |

拔模角度表示从拔模方向反向看下去的角度,正角度可以看到拔模特征面;负角度隐藏了拔模特征面。拔模角度选项中,"单个值"表示拉伸特征的所有面的拔模角度相同;"多个值"表示拉伸特征的每个相切面组合设置拔模角度。拔模方向参考拉伸方向,但不一定与截面轮廓垂直。

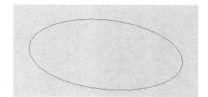

[例 5-5]　对图 5-21 所示的模型（素材-第 5 章-08.prt）创建拉伸。

**解**：1）打开素材-第 5 章-08.prt,如图 5-21 所示。

2）依次单击"主页"→"特征"→"拉伸",在弹出的"拉伸"对话框中,如图 5-22 所示,设置对话框中的"选择曲线"和"指定矢量";其中,"限制"下的结束距离中设置数值为 5,其余为默认设置。

图 5-21　[例 5-5] 模型

3）单击"确定"按钮后,"拉伸"命令效果如图 5-23 所示。

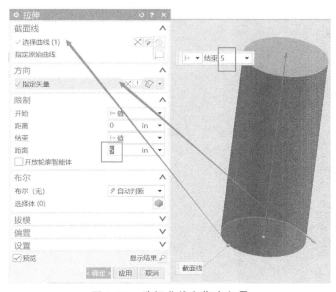

图 5-22　选择曲线和指定矢量

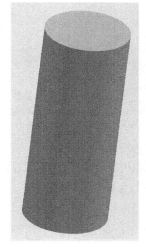

图 5-23　"拉伸"命令效果图

## 5.2.2　旋转

旋转是指将草图截面或曲线等二维对象绕所指定的旋转轴线旋转一定角度而形成的实体

模型，如法兰盘和轴类等零件。

旋转命令的入口：在"主页"菜单栏的下拉菜单"特征"模块中，单击"拉伸"旁边的倒三角形，在选项中单击"旋转"命令，如图 5-24 所示。

图 5-24　"旋转"命令入口

图 5-25 为"旋转"命令对话框，表 5-5 为"旋转"命令对话框选项说明。

**表 5-5　"旋转"命令对话框选项说明**

| "旋转"命令对话框选项 | 说　　明 |
| --- | --- |
| 选择曲线 | 要进行旋转操作的曲线 |
| 指定矢量 | 旋转的方向 |
| 指定点 | 旋转点 |

[例 5-6]　根据图 5-26 所示的文件（素材-第 5 章-09. prt）应用"旋转"命令创建实体。

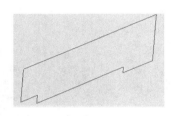

图 5-26　[例 5-6] 模型

图 5-25　"旋转"命令对话框

**解：**1）打开素材-第 5 章-09. prt，如图 5-26 所示。

2）根据图 5-24 所示的步骤，即依次单击"主页"→"特征"→"旋转"，打开"旋转"命令对话框。选择①～⑦线串为截面线，如图 5-27 所示。

3）在绘图区中选择指定点，如图 5-28 所示，在对话框"限制"下的"结束角度"中设置数值 360，其余为默认设置，完成后单击"确定"按钮。

4）单击"确定"按钮，"旋转"命令效果如图 5-29 所示。

## 5.2.3　沿引导线扫掠

可用"沿引导线扫掠"命令可通过引导线截面轮廓线形成体。使用该命令可以选择相连的草图、曲线或边来定义截面轮廓或导轨；导轨线可以有尖角；可以创建实体或片体；可以添加偏置，偏置方向基于基准截面。如果需要选择多个截面、多个引导线或需要控制插补

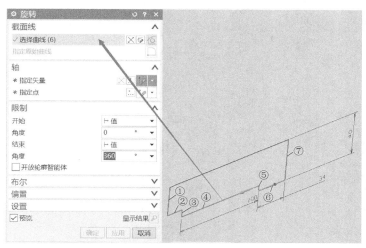

图 5-27　截面线选择

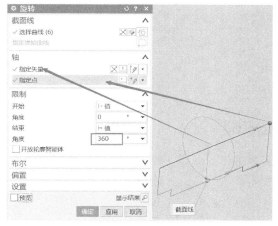

图 5-28　设置轴矢量和点及限制

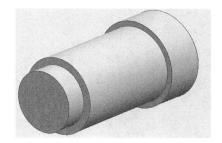

图 5-29　"旋转"命令效果图

方式、比例及方位，就需要使用扫掠工具。

　　"沿引导线扫掠"命令的入口为："主页"→"特征"→"更多"→"沿引导线扫掠"，如图 5-30 所示。

## 5.2.4　选择意图曲线规则

　　上述介绍的扫掠特征中，常会选择合适的曲线或曲线串。曲线规则保存到特征，并与特征一起更新。使用正确的选择意图可以使特征更可靠。由此可见，根据选择意图，快速准确地选择曲线变得尤为重要。曲线规则功能可以很好地满足使用者这方面的需求。

　　当有以下情况时，使用下列规则可以帮助选择曲线或边：

　　1）相对于逐个选择，应以更少的步骤选择对象。

　　2）当只需要选择部分曲线进行操作时。

　　3）多曲线相交，曲线规则可以决定选择哪个分支。

图 5-30 "沿引导线扫掠"命令入口

4）未来模型的研发或编辑可能会改变轮廓中曲线的数量。

NX 软件中的曲线选择规则入口如图 5-31 所示。曲线规则选项说明见表 5-6。

曲线收集修改选项图标可以进一步优化曲线的选择方式，具体见表 5-7。

使用上述扫掠特征时，注意以下提示与技巧：

1）注意在拉伸及旋转时检查布尔选项。

2）将布尔操作与拉伸特征分离，这样可以编辑与抑制布尔特征。

图 5-31 曲线选择规则入口

表 5-6 曲线规则选项说明

| 曲线规则选项 | 说明 |
| --- | --- |
| 相连曲线 | 选择相连的曲线或边 |
| 相切曲线 | 选择相切的曲线或边 |
| 特征曲线 | 从曲线特征中收集曲线，例如草图或任何其他曲线特征 |
| 区域边界曲线 | 选择鼠标单击区域的封闭的轮廓曲线 |
| 组中的曲线 | 选择所选组内的所有曲线 |

（续）

| 曲线规则选项 | 说明 |
|---|---|
| 面的边 | 选择所选面的所有边 |
| 片体的边 | 选择片体的所有边 |
| 自动判断曲线 | 根据选择对象类型的不同,使用默认的设计意图 |

表 5-7　曲线收集修改选项图标说明

| 图标 | 选项 | 说明 |
|---|---|---|
| ⊞ | 在相交处停止 | 选择相连曲线时,自动链式选择在曲线相交处停止 |
| ⊞ | 跟随圆角 | 选择相连曲线时,自动跟随并选择倒圆角或圆弧 |
| ⊹ | 特征内成链 | 当选择相连曲线链时,将相交的成链和发现限制为仅当前特征范围之内 |
| ⊕ | 路径选择 | 从复杂的曲线与边组成的集合中,以最少选择次数选择连续的路径 |

3）使用顶层工具条的曲线规则选择截面，如相切。

4）使用单独的拔模命令，而不是"拉伸"命令里面的拔模命令。这样有更多拔模角的选项可选，也可以更方便地编辑拔模特征或抑制特征。

5）创建拉伸或旋转特征时，使用<F3>键来隐藏拖拽手柄标签。

## 5.3　细节特征编辑

特征的操作是对模型进行精细加工的方法，通过特征操作相关命令的应用，可以对模型的边、面和已经创建的特征进行再加工处理或对特征进行特殊操作。

### 5.3.1　孔

孔特征是一种特殊的拉伸与旋转特征，孔特征的横向截面为圆形，纵向截面为一种旋转中心呈对称的图形，其作用是移除实体模型上的某一部分。孔特征命令调出步骤为："主页"→特征模块中选中"⬜"可以调出"孔"对话框，如图 5-32 和图 5-33 所示。"孔"特征对话框选项说明见表 5-8。

图 5-32　选中"孔"命令

使用"孔"命令可以在部件或装配的一个或多个实体上创建如下类型的孔特征，包括常规孔（直孔、沉头孔、埋头孔或锥形孔）、钻头孔、螺纹间隙孔（直孔、沉头孔或埋头孔形式）、螺纹孔/攻丝孔和孔系列。这些孔特征分别如图 5-34a～e 所示。

表 5-8 "孔"特征对话框选项说明

| 序号 | "孔"对话框选项 | 说　明 |
|---|---|---|
| 1 | 指定点 | 要进行打孔操作的点（可以先在草图中创建点，或者是在平面中直接创建） |
| 2 | 孔方向 | 要进行打孔操作的方向 |
| 3 | 尺寸 | 孔的大小的设置 |
| 4 | 选择体 | 要进行打孔操作的体 |

图 5-33 "孔"对话框

可通过草图方式和点方式两种方式来定位孔。草图方式通过创建草图来定位孔中心；点方式使用已有点来指定孔中心。可使用点捕捉器与选择意图来选择已存在的点与特征点。

可通过垂直于面和沿矢量两种方式指定孔特征的方向。"垂直于面"通过选择面，使孔方向与选择的面在定位点垂直；"沿矢量"通过矢量构造器来指定孔的矢量，构造的矢量不一定与面垂直。

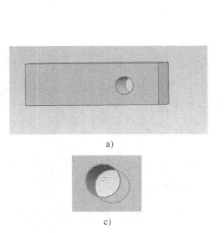

a)

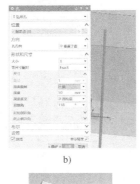

b)

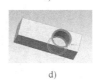

c)

d)

e)

图 5-34 不同孔类型

a）常规孔　b）钻头孔　c）螺纹间隙孔　d）螺纹孔/攻丝孔　e）孔系列

[例 5-7]　根据图 5-35 所示的模型（素材-第 5 章-010. prt）应用"孔"命令创建实体。

解：1）打开素材-第 5 章-010. prt，如图 5-35 所示。选择图 5-36 所示曲线为截面线。

2）依次单击："主页"→"特征"→"旋转"，打开"旋转"命令对话框。在功能区"主页"菜单栏的下拉菜单"特征"模块单击"孔"命令，系统弹出"孔"对话框。在绘图区中选择

图 5-35 [例 5-7] 模型

对话框中的"指定点",如图 5-36 所示。

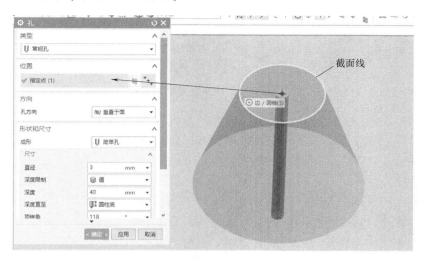

图 5-36　选择"指定点"

3)如图 5-37 所示,在对话框"形状和尺寸"下的"直径"和"深度"中分别设置数值为 10 和 25,其余为默认设置,完成后单击"确定"按钮。

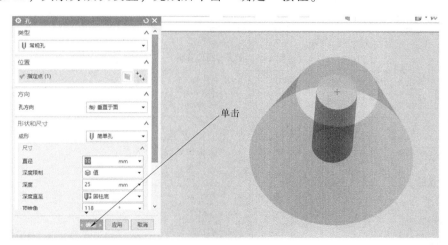

图 5-37　单击"确定"按钮

4)单击"确定"按钮后,"孔"效果如图 5-38 所示。

## 5.3.2　抽壳

抽壳是将实体的模型在其平面的四周创建一个壳,抽壳的形状与其抽壳的平面形状有关。抽壳操作可以为不同面设置不同的抽壳厚度。在功能区"主页"菜单栏的下拉菜单"特征"模块中选择"抽壳"命令,如图 5-39 所示。

图 5-38　"孔"效果图

图 5-39　"抽壳"命令入口

　　"抽壳"命令对话框如图 5-40 所示。抽壳的方式有两种：第一种为"打开"，即将选中的面移除，再进行抽壳操作；第二种为"封闭"，即保留选中体的所有面并抽壳，相当于体内是空心的。

　　相切边的处理也是抽壳操作成功与否的关键。相切边的处理有两种方式，需要根据不同的几何条件选择合适的选项：延伸相切面或在相切边处添加支撑面。另外，抽壳操作涉及选择面，那么需要选择一组面时，面规则选项可以用来方便快速地选择所需的面。面规则选项说明见表 5-9。

[例 5-8]　对图 5-41 所示的模型（素材-第 5 章-011. prt）通过"抽壳"命令创建体。

**解：**1）打开素材-第 5 章-011. prt，如图 5-41 所示。

图 5-40　"抽壳"命令对话框

表 5-9　面规则选项说明

| 序号 | 面规则选项 | 说明 |
| --- | --- | --- |
| 1 | 相邻面 | 选择一个面，与其直接相邻的所有面被选中 |
| 2 | 相切面 | 选择一个面，与其相切的所有面被选中 |
| 3 | 面和相邻面 | 选择一个面，该面和与其直接相邻的所有面被选中 |
| 4 | 单个面 | 每次只选择一个面，是最自由的选择，可多次使用 |
| 5 | 区域面 | 通过指定一个种子面，然后指定一个或多个边界面，从种子面开始直到边界面的所有面被选中 |
| 6 | 相切区域面 | 区别于边界面的是，该规则是将从种子面直到边界面的所有相切面都被选中 |
| 7 | 特征面 | 选择一个特征，构成该特征的所有面被选中 |
| 8 | 体的面 | 选择所选体的所有面 |

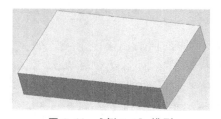

图 5-41　[例 5-8]模型

2）依次单击："主页"→"特征"→"抽壳"，打开"抽壳"命令对话框。按照图 5-42 所示的内容设置"抽壳"对话框，即"类型"选为"打开"；"面"选择为箭头所示的平面；"厚度"设为 1mm，其余选项按默认设置。

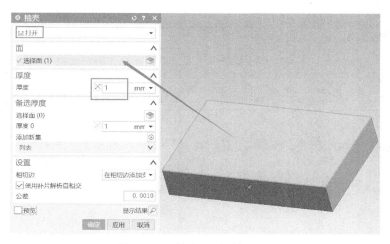

图 5-42 "抽壳"对话框设置

3）单击"抽壳"对话框下面的"确定"按钮，得到图 5-43 所示的"抽壳"效果图。

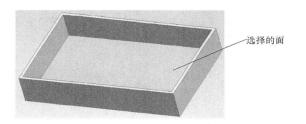

图 5-43 "抽壳"效果图

### 5.3.3 边倒圆

在 NX CAD 中，"边倒圆"命令在建模过程中经常用到，边倒圆可以在两个面之间的尖锐边缘处形成圆面，主要应用于需要在边缘产生倒角的对象。该命令就像一个球沿着边缘滚动并保持和两侧的面接触。如果球沿面的内侧滚动来倒圆边缘，则去除材料；如果沿面的外侧滚动，则添加材料。"边倒圆"命令在功能区"主页"菜单栏的下拉菜单"特征"模块中，如图 5-44 所示。

图 5-44 "边倒圆"命令位置

"边倒圆"命令对话框如图 5-45 所示。同时，"边倒圆"命令对话框的选项说明见表 5-10。

在表 5-10 中，"连续性"的两种方式相切和曲率的对比图如图 5-46 所示。

[例 5-9] 对图 5-47 所示的模型（素材-第 5 章-012. prt）通过"边倒圆"命令创建实体。

解：1）打开素材-第 5 章-012. prt，如图 5-47 所示。

表 5-10　"边倒圆"命令对话框选项

| 序号 | "边倒圆"选项 | 说明 |
|---|---|---|
| 1 | 连续性 | 边倒圆的方式，有相切和曲率两种形式 |
| 2 | 选择边 | 进行边倒圆操作的边 |
| 3 | 形状 | 形成倒圆的形状，有圆形和二次曲线两种形式 |
| 4 | 半径 | 边倒圆半径的大小 |

图 5-45　"边倒圆"命令对话框

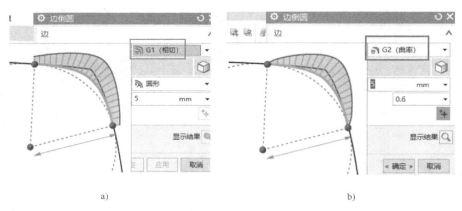

a)　　　　　　　　　　　　　　　b)

图 5-46　边倒圆构建方式相切和取率的对比图

a）相切　b）曲率

2）在功能区"主页"菜单栏的下拉菜单"特征"模块选择"边倒圆"命令，系统弹出"边倒圆"对话框。"边倒圆"对话框按图 5-48 所示设置，其中，"连续性"选择"G1（相切）"，"选择边"为粗线所示圆边，"形状"为"圆形"，半径设为 2mm，其余按默认设置。

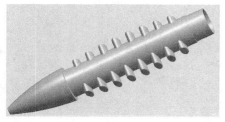

图 5-47　[例 5-9] 模型

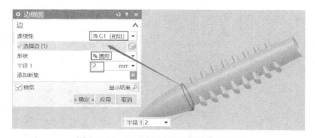

图 5-48　"边倒圆"对话框设置

3）"边倒圆"对话框中单击"确定"按钮后，可以看到"边倒圆"效果如图 5-49 所示。

一个边倒圆特征可以由一组或多组边组成，每组边对应不同的倒圆半径。可以通过单击对话框的"添加新集"或单击鼠标中键（或滚轮）一次添加多个倒圆半径；也可以使用曲线规则辅助或加速选择。

### 5.3.4　倒斜角

"倒斜角"命令可以实现在一个或多个实体的边上形成斜角。视产品形状的不同，倒斜角的形成有减材料（图5-50中①）和加材料（图5-50中②）两种情况。

图5-49　"边倒圆"效果图

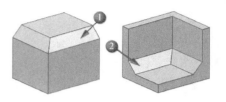

图5-50　倒斜角情况

"倒斜角"命令的位置在功能区"主页"菜单栏的下拉菜单"特征"模块中，如图5-51所示。

图5-51　选中"倒斜角"

图5-52所示为"倒斜角"对话框。其中，"边"为要进行倒斜角操作的边。"倒斜角"命令可以通过三种偏置方式创建倒斜角特征，即对称、非对称、偏置和角度。

### 5.3.5　面倒圆

在NX1847中使用"面倒圆"命令，可以在选定的面组之间添加相切圆角面，圆角形状可以是圆形、二次曲线和规律控制。"面倒圆"命令的位置在功能区"主页"→"特征"模块"边倒圆"下面的倒三角形下拉列表中，如图5-53所示。

图5-52　"倒斜角"对话框

图5-53　"面倒圆"命令位置

图5-54所示为"面倒圆"命令对话框。面倒圆的方式有双面、三面及特征相交边三种方式。其中，双面方式为在选中的两个面之间实现面倒圆操作（进行该操作时，面规则要改成单个面）；三面方式以选中的第三个面作为中间面，并进行"面倒圆"操作。

[例 5-10]　对图 5-55 所示的模型（素材-第 5 章-013. prt）通过"面倒圆"命令创建实体。

图 5-54　"面倒圆"命令对话框

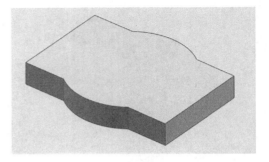

图 5-55　[例 5-10] 模型

**解：** 1）打开素材-第 5 章-013. prt，如图 5-55 所示。

2）依次选择"主页"菜单栏"特征"模块中"边倒圆"右边的倒三角形，在列表中单击"面倒圆"，弹出"面倒圆"对话框，如图 5-56 所示进行设置。其中，选择"双面"方式创建面倒圆，分别选择图中所示"面 1"和"面 2"，"横截面"中半径选为"5mm"，其余按默认设置。

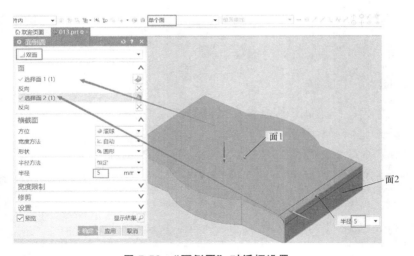

图 5-56　"面倒圆"对话框设置

3）在"面倒圆"对话框中单击"确定"按钮后，"面倒圆"效果如图 5-57 所示。

### 5.3.6　拔模

"拔模"命令的入口在功能区"主页"菜单栏下的"特征"模块中，如图 5-58 所示。

图 5-57　"面倒圆"效果图

"拔模"命令对话框如图 5-59 所示，表 5-11 为"拔模"命令对话框的选项说明。

**图 5-58　"拔模"命令入口**

**表 5-11　"拔模"命令对话框选项说明**

| 序号 | "拔模"命令对话框选项 | | 说明 |
|---|---|---|---|
| 1 | 拔模分类 | 面 | 相对于固定面和分型面和/或分型面拔模 |
| | | 边 | 从固定边起拔模 |
| | | 与面相切 | 相切于面拔模 |
| | | 分型边 | 从分型边起相对于固定平面拔模 |
| 2 | 拔模方法 | 固定面 | 从固定面拔模。包括拔模面的固定面的相交曲线将用作计算该拔模的参考 |
| | | 分型面 | 从固定分型面拔模。包含拔模面的固定面的相交曲线将用作计算该拔模的参考。要拔模的面将在与固定面的相交处进行细分。可根据需要将拔模添加到两侧 |
| 3 | 选择面 | | 要进行拔模操作的面 |
| 4 | 角度 | | 拔模的角度 |

**[例 5-11]**　对图 5-60 所示的模型（素材-第 5 章-017. prt）创建拔模。

**图 5-59　"拔模"命令对话框**

**图 5-60　[例 5-11] 模型**

**解：** 1）打开文件素材-第 5 章-017. prt，如图 5-60 所示。

2）在功能区"主页"选项卡下"特征"模块中单击"拔模"命令图标""，系统弹出"拔模"对话框。按照图 5-61 所示的内容设置"拔模"对话框，其余设置按照默认设置。

3）在"拔模"对话框中，单击"确定"按钮后，"拔模"效果如图 5-62 所示。

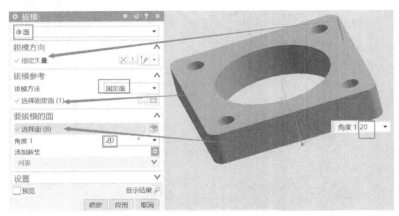

图 5-61　设置"拔模"对话框　　　　　图 5-62　"拔模"效果

# 5.4　创建设计特征

## 5.4.1　筋板

在 NX1847 中，"筋板"命令可通过拉伸一个平的截面以与实体相交来添加薄壁筋板或网格筋板。该命令在功能区"主页"菜单栏"特征"模块"更多"的下拉列表中，图标为""，如图 5-63 所示。

图 5-63　"筋板"命令入口

"筋板"命令对话框如图 5-64 所示，表 5-12 为"筋板"命令对话框的选项说明。

**[例 5-12]**　对图 5-65 所示的模型（素材-第 5 章-018. prt）通过"筋板"命令创建体。

图 5-64　"筋板"命令对话框

表 5-12　"筋板"命令对话框的选项说明

| 序号 | "筋板"命令对话框选项 | 说明 |
| --- | --- | --- |
| 1 | 选择体 | 曲线拉伸后要与之相交的体 |
| 2 | 选择曲线 | 要进行拉伸以形成筋板的曲线 |

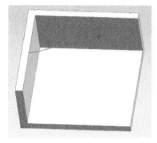

图 5-65　[例 5-12]　模型

**解：** 1）打开素材-第 5 章-018. prt，如图 5-65 所示。

2）在功能区"主页"菜单栏"特征"模块"更多"列表中单击"筋板"命令。在弹出的"筋板"命令对话框中，选择实体为目标体，选择粗曲线为截面线，"壁"下的"厚度"中设置数值为 2，其余按默认设置，如图 5-66 所示。

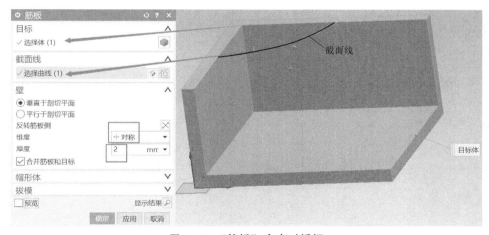

图 5-66　"筋板"命令对话框

3）在"筋板"命令对话框中单击"确定"按钮后，"筋板"效果如图 5-67 所示。

## 5.4.2　晶格

"晶格"命令可以用来创建晶格体。该命令在功能区"主页"菜单栏"特征"模型"更多"的下拉列表中，图标为" 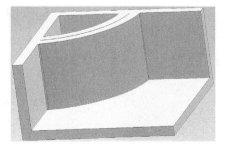 "，如图 5-68 所示。

图 5-67　"筋板"效果图

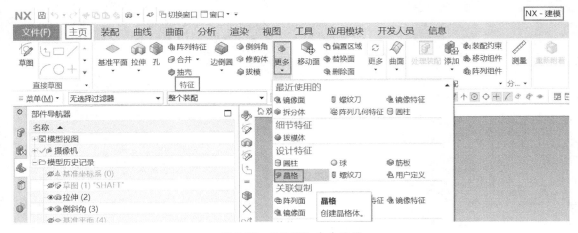

图 5-68  "晶格"命令位置

[例 5-13]  对图 5-69 所示的模型（素材-第 5 章-019. prt）创建晶格。

**解：** 1）打开素材-第 5 章-019. prt，如图 5-69 所示。

2）在功能区"主页"菜单栏"特征"模块中"更多"下拉菜单中单击"晶格"命令。在弹出的"晶格"对话框中，选择"单位填充"方式创建晶格，边界体选为图 5-69 所示的长方体，单元格类型选为"BiTriangle"，边长设为"8mm"，其余按默认设置，如图 5-70 所示。

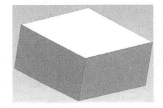

图 5-69  [例 5-13] 模型

3）在"晶格"对话框中单击"确定"按钮后，"晶格"效果如图 5-71 所示。

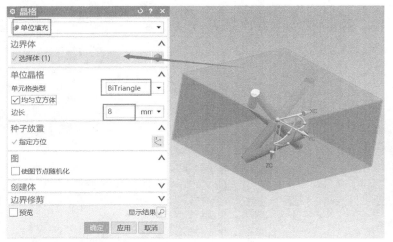

图 5-70  "晶格"对话框设置

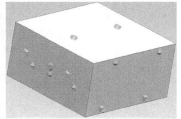

图 5-71  "晶格"效果图

### 5.4.3  螺纹刀

"螺纹刀"可以将符号或详细螺纹添加到实体的圆柱面上。该命令可以用来创建螺栓和螺母，其入口如图 5-72 所示。

图 5-72 "螺纹刀"命令入口位置

"螺纹切削"命令对话框如图 5-73 所示。其中，螺纹钻尺寸指螺纹攻牙前的钻孔尺寸，即底径尺寸（如 M10 的螺纹，其螺纹钻尺寸为 8.6~8.8），方法指进行螺纹切削的方式，长度指生成的螺纹钻的长度。

[例 5-14] 对图 5-74 所示的模型（素材-第 5 章-020. prt）应用"螺纹刀"命令创建体。

**解：** 1）打开素材-第 5 章-020. prt，如图 5-74 所示。

2）在功能区"主页"菜单栏"特征"模块"更多"下拉菜单中选择单击"螺纹刀"命令。在弹出的"螺纹切削"对话框中，螺纹类型选择"详细"，同时，单击图 5-75 所示的圆柱面，其余按照图 5-75 所示默认设置，单击"选择起始"按钮。

图 5-73 "螺纹切削"命令对话框

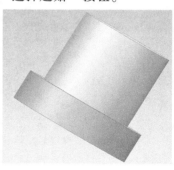

图 5-74 [例 5-14] 模型

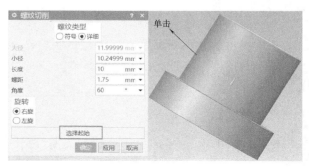

图 5-75 "螺纹切削"命令设置

3）在图 5-75 中，单击"选择起始"按钮，系统弹出"起始面名称选择"对话框，按照图 5-76a 所示的选择起始面后，系统弹出图 5-76b 所示的对话框，单击"确定"按钮。

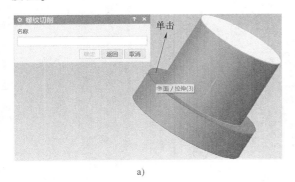

a)

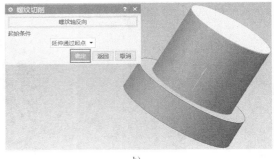

b)

**图 5-76 选择起始面**

a）选择起始面　b）确定切削设置

4）在图 5-76b 中，单击"确定"后，系统弹出图 5-77 所示的对话框，单击"确定"按钮，得到图 5-78 所示的"螺纹刀"效果图。

**图 5-77 确定"螺纹切削"设置**

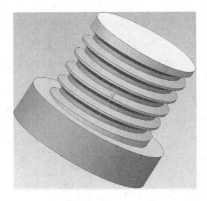

**图 5-78 "螺纹刀"效果图**

## 5.5 关联复制

对不同类型的几何对象进行拷贝与镜像操作并关联，是有效的建模实践。NX 软件提供了一系列命令为不同的几何对象创建关联的拷贝，如阵列特征、镜像几何体、阵列面等。

### 5.5.1 阵列特征

"阵列特征"（又称为阵列几何特征）命令用于创建特征的各种类型的阵列。"阵列特征"命令的入口在"主页"→"特征"模块中，图标为"🐾"，如图 5-79 所示。

图 5-79 "阵列特征"命令入口

图 5-80 所示为"阵列几何特征"命令对话框，表 5-13 为"阵列几何特征"命令对话框选项说明。

图 5-80 "阵列几何特征"命令对话框

表 5-13 "阵列几何特征"命令对话框选项说明

| 序号 | "阵列几何特征"命令对话框选项 | | 说明 |
|---|---|---|---|
| 1 | 选择对象 | | 要进行阵列操作的特征 |
| 2 | 阵列布局 | 线性 | 使用一个或两个线性方向布局 |
| | | 圆形 | 使用旋转轴和可选的径向间距参数定义布局 |
| | | 多边形 | 使用正多边形和可选的径向间距参数定义布局 |
| | | 螺旋 | 使用平面螺旋路径定义布局 |
| | | 沿 | 定义一个布局，该布局遵循一个连续的曲线链和可选的第二曲线链或矢量 |
| | | 常规 | 使用按一个或多个目标点或者坐标系定义的位置来定义布局 |
| | | 参考 | 使用现有阵列的定义来定义布局 |
| | | 螺旋 | 使用螺旋路径定义布局 |
| 3 | 指定矢量 | | 进行阵列操作的方向 |
| 4 | 数量 | | 要进行阵列操作的选中特征的数量 |
| 5 | 节距 | | 两个特征之间的距离 |

如果阵列类型不同，则对话框参数显示也会有所不同。对于线性阵列，可指定在一个方向或两个方向对称，也可以指定交错行或列的排布，如图 5-81 所示。

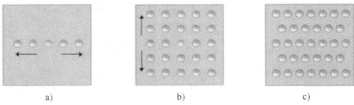

a)        b)        c)

**图 5-81　线性阵列排布**

a）一个方向对称　b）两个方向对称　c）交错行或列排布

对于圆周阵列或多边形阵列，可以选择径向辐射状排布，如图 5-82 所示。

**图 5-82　圆周阵列排布**

可以将阵列参数输出到电子表格并做位置编辑，如图 5-83 所示。例如，可以显式的选择阵列中的一个或多个实例点进行编辑，如位置的变化、抑制、删除或指定参数变化。

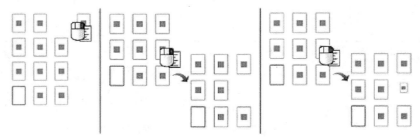

**图 5-83　阵列编辑示例**

也可以通过阵列编辑的方式指定阵列实例的定位方向，根据不同的阵列方式，定位方向有些区别，如图 5-84 所示。

## 5.5.2　镜像几何体

使用"镜像几何体"命令可以创建对称零件。依次单击："主页"→"特征"→"更多"→"镜像几何体"，如图 5-85 所示。

"镜像几何体"对话框如图 5-86 所示。其中，"选择对象"表示选择要进行镜像几何体操作的对象，"指定平面"表示所选择的对象要进行镜像操作时参考的镜像平面。

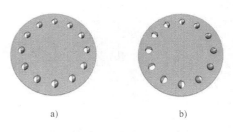

a)      b)

**图 5-84　阵列实例的不同定位方向**

a）实例方向与输入特征方向相同

b）实例方向跟随阵列方向

图 5-85　"镜像几何体"命令入口

图 5-87 所示为"镜像几何体"命令应用实例。

镜像几何体操作时，镜像特征与原始体关联，不能编辑镜像几何体的任何参数；可以指定镜像几何体特征的时间戳，确保后续添加到原始体的任何特征操作不会反映到镜像几何体。

使用"固定于当前时间戳"命令可以改变镜像几何体创建时的时间戳，如图 5-88 所示。其中，清除该选项，更新部件，并将特征以往后（当前）时间戳排序；选择该选项，从列表中选择时间戳，以确定特征放置的位置。这可确保控制对原始几何的修改不会反映到镜像几何体。

图 5-86　"镜像几何体"对话框

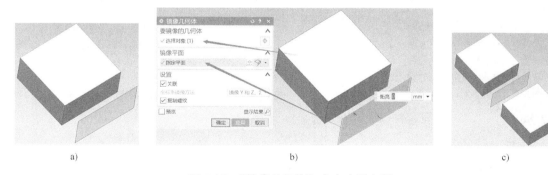

a)　　　　　　　　　　　　b)　　　　　　　　　　　　c)

图 5-87　"镜像几何体"命令应用实例

a）原始体与平面　b）"镜像几何体"对话框设置　c）"镜像几何体"效果

## 5.5.3　阵列面

阵列面可以快速创建与已有特征同样形状的多个呈一定规律分布的特征，利用该特征可以对面或体进行多个成组的镜像或复制。该命令在功能区"主页"菜单栏"特征"模块"更多"下面的倒三角形下拉菜单中，图标为""，如图5-89所示。

图5-88 "固定于当前时间戳"命令

图5-89 "阵列面"命令入口

"阵列面"对话框中，"面"表示要进行阵列操作的面；"布局"选项可以进行阵列布局的切换；"数量"指要阵列的面的数量；"节距"指两个面之间的距离。

[例5-15] 对图5-90所示的模型（素材-第5章-021.prt）应用"阵列面"命令创建体。

解：1）打开素材-第5章-021.prt，如图5-90所示。

2）在功能区"主页"菜单栏"特征"模块选择"更多"下面的倒三角形图标，在其下拉菜单中单击"阵列面"命令，弹出"阵列面"对话框。在对话框中，按照图5-91所示选择面，并且定义布局为"圆形"。

图5-90 [例5-15] 模型

图5-91 选择面与布局设置

3）在"阵列面"对话框中的"指定矢量"设为工作坐标系的"Z轴"方向和"指定点"选为最大外圆的圆心；斜角方向设置中，间距方式选为"数量和跨距"，数量为9，跨距为360°，如图5-92所示。

4）在"阵列面"对话框单击"确定"按钮后，"阵列面"效果如图5-93所示。

## 5.5.4 镜像特征

"镜像特征"命令主要用于复制特征并跨平面进行镜像，该命令位置在功能区"主页"菜单栏"特征"模块"更多"下面的倒三角形下拉列表中，图标为""，如图5-94所示。

图5-95所示为"镜像特征"命令对话框。其中，"选择特征"为选择要进行镜像特征操作的特征，"镜像平面"为要进行镜像特征操作的参考面。

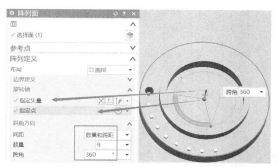

图 5-92　指定矢量、指定点与斜角方向设置

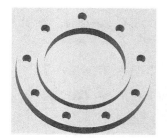

图 5-93　"阵列面"效果图

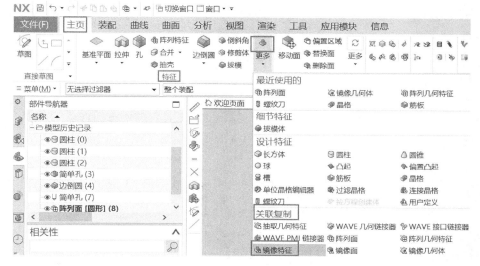

图 5-94　"镜像特征"命令入口

[例 5-16]　对图 5-96 所示的模型（素材-第 5 章-022. prt）应用"镜像特征"命令创建体。

图 5-95　"镜像特征"命令对话框

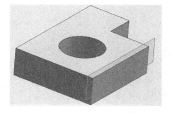

图 5-96　[例 5-16] 模型

**解**：1）打开素材-第 5 章-022. prt，如图 5-96 所示。

2）在功能区"主页"菜单栏"特征"模块"更多"下面的倒三角形下拉菜单中单击"镜像特征"命令，系统弹出"镜像特征"对话框。在"镜像特征"对话框中，"选择特征"为模型中的实体，"镜像平面"为"现有平面"，为模型中的基准平面，如图 5-97 所示。

3) 在"镜像特征"命令对话框中单击"确定"按钮后，"镜像特征"效果如图 5-98 所示。

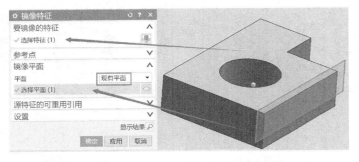

图 5-97 "镜像特征"命令对话框设置

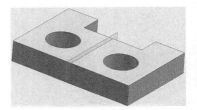

图 5-98 "镜像特征"效果图

## 5.5.5 镜像面

"镜像面"命令主要用于复制特征并跨平面进行镜像。该命令在功能区"主页"菜单栏"特征"模块"更多"下面的倒三角形下拉菜单中，图标为"  "，如图 5-99 所示。

图 5-99 "镜像面"命令入口

[例 5-17] 对图 5-100 所示的模型（素材-第 5 章-023. prt）应用"镜像面"命令创建实体。

**解：**1) 打开素材-第 5 章-023. prt，单击功能区"主页"菜单栏"特征"模块"更多"下面的倒三角形，在下拉菜单中单击"镜像面"命令，系统弹出"镜像面"对话框。在"镜像面"对话框中，"面"组中的"选择面"为要进行镜像面操作的面；"镜像平面"的"选择平面"为镜像面操作的参考面。在本例中，"面"组的"选择面"为图 5-101 中的曲面；"镜像平面"为"现有平面"中的竖直基准面，具体如图 5-101 所示。

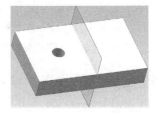

图 5-100 [例 5-17] 模型

2）在"镜像面"对话框中，单击"确定"按钮，"镜像面"效果如图5-102所示。

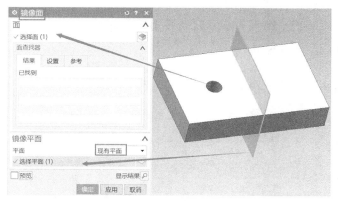

图 5-101　"镜像面"对话框设置

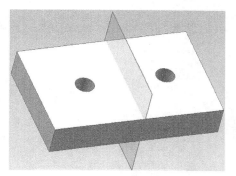

图 5-102　"镜像面"效果图

# 5.6　修剪编辑

## 5.6.1　修剪体

"修剪体"命令可使用一个几何面或基准平面裁剪一个或多个目标体。利用"修剪体"命令，可以用基准面移除材料以获取复杂倒角或开口，用曲面（片体）移除材料以获得复杂形状，以及移除在布尔操作之前重叠的几何。

可以指定保留目标体的一部分而放弃另外一部分。目标体会匹配修剪几何的外形。修剪体时，必须至少选择一个目标体。可以从同一个体选择一张面或多张面，或一个基准平面来修剪多个目标体；也可以定义一张新的平面来修剪多个目标体。被修剪对象（目标体）可以是实体，也可以是片体。修剪对象（工具体）可以是已有的片体或平面，也可以构建新的平面。如果工具体是已有的片体，则片体要足够大，以完全切割开目标体。双击修剪体特征即可进行编辑，可重新定义工具体或修剪方向反向等。

"修剪体"命令对话框如图5-103所示。其中，"目标体"为要进行修剪操作的几何体；"工具体"为用来进行修剪体的面，该面可以为现有的曲面或平面，也可以为新的平面。

"修剪体"命令操作流程示例如图5-104所示。

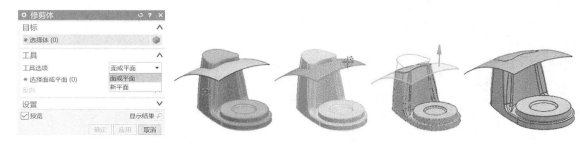

图 5-103　"修剪体"
命令对话框

图 5-104　"修剪体"命令操作流程示例

### 5.6.2 拆分体

"拆分体"命令可将一个实体拆分成两个相同或者是不同的新实体。拆分体命令的位置在"主页"菜单下"特征"模块"更多"下拉菜单中，图标为"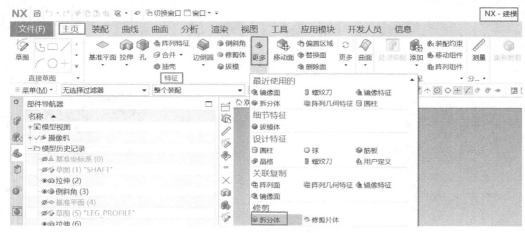"，如图 5-105 所示。

图 5-105 "拆分体"命令位置

"拆分体"命令对话框如图 5-106 所示。其中，"目标"中"选择体"为要进行拆分体操作的几何体；"工具"中"选择面或平面"为进行拆分的平面。

[例 5-18]　对图 5-107 所示的模型（素材-第 5 章-024.prt）应用"拆分体"命令创建实体。

图 5-106 "拆分体"命令对话框

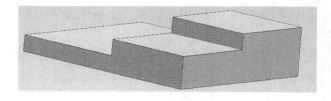

图 5-107 [例 5-18] 模型

**解：**1）打开素材-第 5 章-024.prt 文件，按照图 5-105 所示路径单击"拆分体"命令。在弹出的"拆分体"命令对话框中，选择图 5-107 所示实体为目标体；工具体的"工具选项"选为"新建平面"，"指定平面"选为图 5-108 中新建的基准面，其余为默认设置，具体如图 5-108 所示。

2）在"拆分体"命令对话框中单击"确定"按钮后，"拆分体"效果如图 5-109 所示。

3）模型拆分后要设置移除参数才能算是真正的拆分模型。可以依次单击："菜单"→"特征"→"移除参数命令"，调出"移除参数"对话框，步骤如图 5-110 所示。

"移除参数"命令可以从实体或片体移除参数，形成一个非关联的体。

4）在"移除参数"命令对话框中选择模型，完成后单击"确定"按钮。如图 5-111 所示。

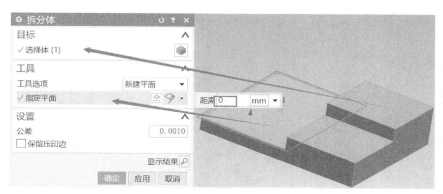

图5-108　"拆分体"命令对话框设置

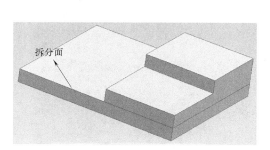

图5-109　"拆分体"效果图

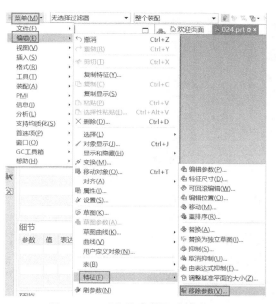

图5-110　"移除参数"命令入口

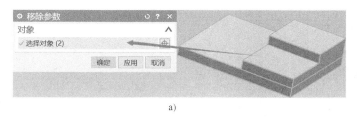

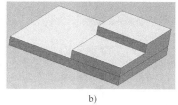

a)　　　　　　　　　　　　　　　　　　b)

图5-111　"移除参数"命令使用

a)"移除参数"命令对话框设置　b)"移除参数"效果

## 5.6.3　修剪片体

"修剪片体"命令可将一个实体的某一部分修剪掉,使之成为一个新的实体。该命令在功能区"主页"菜单栏"特征"模块"更多"的下拉菜单中，图标为" 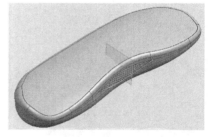 "，如图 5-112 所示。

图 5-112 "修剪片体"命令入口

[**例 5-19**] 对图 5-113 所示的模型（素材-第 5 章-025. prt）应用"修剪片体"命令创建实体。

**解**：1）打开模型文件后，依次按照"主页"→"特征"→"更多"→"修剪片体"顺序，单击"修剪片体"命令，在弹出的"修剪片体"命令对话框中，按照图 5-114 所示设置"修剪片体"命令对话框，其余按默认设置。

2）在"修剪片体"对话框中，单击"确定"按钮后，得到"修剪片体"效果如图 5-115 所示。

图 5-113 ［例 5-19］ 模型

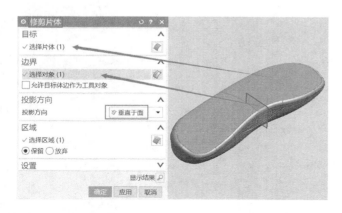

图 5-114 "修剪片体"命令对话框设置

图 5-115 "修剪片体"效果图

图 5-122 "缩放体"命令对话框

图 5-123 [例 5-21] 模型

解：1）打开素材-第 5 章-027. prt 文件，如图 5-123 所示，依次按照"主页"→"特征"→"更多"→"缩放体"顺序，单击"缩放体"命令。在弹出的"缩放体"命令对话框中，选择"均匀"模式，缩放体选为图 5-123 所示的实体，"指定点"选为球心，"比例因子"中"均匀"设为2.5，具体如图 5-124 所示。

2）在该命令对话框中，其余按默认设置，然后，单击"确定"按钮，可以看到"缩放体"效果为将原模型放大了2.5 倍。

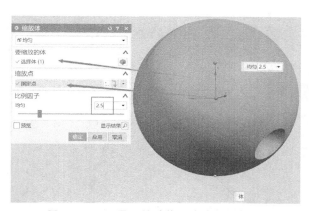

图 5-124 设置"缩放体"命令对话框

### 5.7.3 包容体

"包容体"命令主要是对实物进行等比例包容，在实体的外面多加一层面。该命令在功能区"主页"菜单栏"特征"模块"更多"的下拉菜单中，图标为" "，如图 5-125 所示。

"包容体"命令的创建方式有三种，即中心和长度、块、圆柱。这三种选择方式表示创建后包容体的形状如何确定。"块"方式下，"包容体"命令对话框如图 5-126 所示。其中，"选择对象"为要进行包容体操作的几何体；"偏置"为包容体的厚度。

[例 5-22] 对图 5-127 所示的模型（素材-第 5 章-028. prt）应用"包容体"命令创建实体。

解：1）打开素材-第 5 章-028. prt 文件，如图 5-127 所示，依次按照"主页"→"特征"→"更多"→"包容体"顺序，找到"包容体"命令。在弹出的"包容体"命令对话框中，选择"块"方式，"对象"选择图 5-127 所示整个体的面，"偏置"改为"3"，其余按默认设置，如图 5-128 所示。

2）在"包容体"命令对话框中单击"确定"按钮后，"包容体"命令效果如图 5-129所示。

图 5-125  "包容体"命令位置

图 5-126  "包容体"命令对话框

图 5-127  [例 5-22]模型

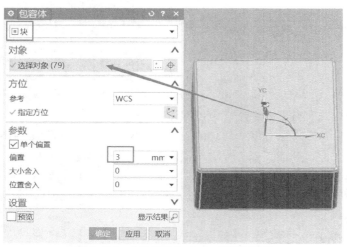

图 5-128  "包容体"命令对话框设置

图 5-129  "包容体"命令效果图

## 思考与练习题

1. 实体的布尔运算包括几种，含义分别是什么？

2. 绘制图 5-130 中的草图曲线（草图大小不限），并根据草图拉伸（尺寸不限）得到图中的实体。

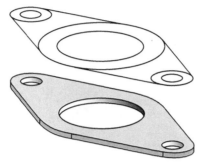

图 5-130  题 2 图

3. 根据"第 5 章题 3. prt"文件（见本书配套资源文件）创建如图 5-131 的实体。

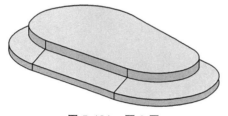

图 5-131  题 3 图

4. 根据图 5-132b 所示图样创建图 5-132a 所示实体模型。

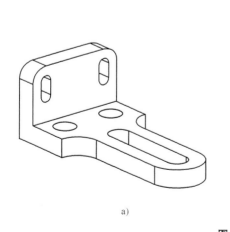

a)

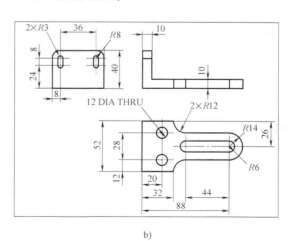

b)

图 5-132  题 4 图

a）实体模型  b）图样

**5.** 根据图 5-133a 所示图样创建图 5-133b 所示实体模型。

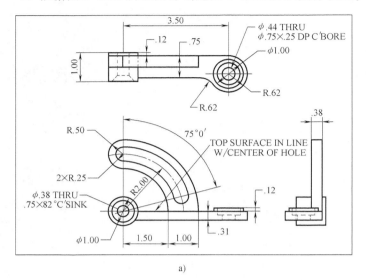

图 5-133　题 5 图

a）图样　b）实体模型

第6章

# NX CAD软件同步建模

在 NX CAD 软件中，同步建模模块的命令可以在不知道模型原始建模信息（如特征历史、是否非参、关联性等）的情况下对模型进行编辑，即可以编辑导入的非参模型，编辑非关联的、无特征的模型，以及 NX 软件创建的基于特征的模型。通过对模型的修改，几何不需要被重建或转换。同时，无论存储特征历史中的设计意图如何，设计者都可以使用"同步建模"命令修改零件的几何形状。"同步建模"命令在 NX 软件中的位置，如图 6-1 所示。

图 6-1 "同步建模"命令位置

## 6.1 检查模型

### 1. 特征重排序

"特征重排序"命令可以更改特征的时间顺序，把一个特征重排在另一个参考特征的前面或后面。

图 6-2 所示为一个特征重排序的样例。该模型的建模历史包含了两个"拉伸"（Ex-

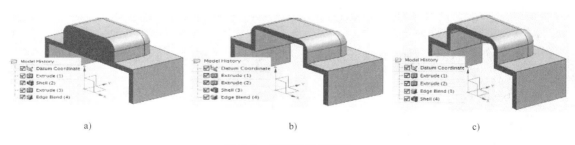

a)               b)               c)

图 6-2 特征重排序样例

a）抽壳特征位于第一个拉伸特征之后    b）抽壳特征位于第二个拉伸特征之后    c）抽壳特征位于倒圆角之后

trude）命令，一个"倒圆"（Edge Blend）命令，一个"抽壳"（Shell）命令。

可以通过在部件导航器的模型历史记录中上下拖动特征到需要的位置来进行特征重排序。

### 2. 特征重播

"特征重播"命令可用来查看模型创建过程中的特征使用过程，即重放模型构建过程。该命令可通过依次单击："菜单"→"工具"→"更新"→"特征重播"来打开，如图6-3所示。

图6-4所示为"特征重播"对话框，通过设置自动播放时每步之间的时间间隔（图6-4中为3）、播放、暂停或自动播放，可以完成以下任务。

1）在原有零件上修改模型为新版本。

2）在特征回放过程中查看问题并修正。自动播放过程中停止的特征自动成为当前特征。

3）手动逐步查看模型的特征。

图6-3 "特征重播"命令入口

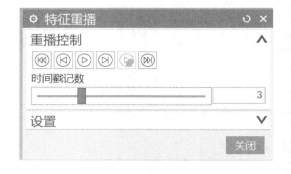

图6-4 "特征重播"对话框

### 3. 抑制与反抑制

"抑制"与"反抑制"命令可以使模型中某个特征不生效或生效，该命令有助于理顺设计思路。在部件导航器的模型历史记录上，可以单击鼠标左键选中建模特征，然后单击鼠标右键，在下拉菜单中，选择"抑制"或"反抑制"命令。图6-5所示为应用"抑制"命令前后的示例。

### 4. 简单测量

模型建模完成后，需要进行模型检测，包括测量距离、测量角度、测量长度及测量半径。这些可以用"测量"命令来完成。NX软件中"测量"命令的位置如图6-6所示。

图6-7所示为"测量"命令对话框。其中，"要测量的对象"中"对象"可以是体、面、线等；"结果过滤器"与需要测量的对象有关。如果"对象"选择"体"，则会显示实

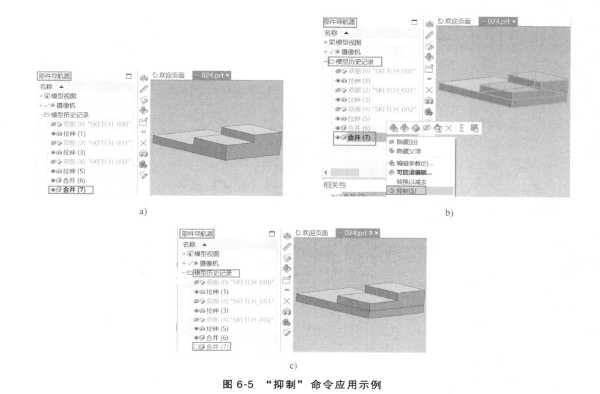

图 6-5 "抑制"命令应用示例

a)"抑制"命令应用前 b)"抑制"命令打开 c)"抑制"命令应用后

体的面积、体积、重量等结果；如果选择"面"，则会显示面积、周长信息。

图 6-6 "测量"命令位置

图 6-7 "测量"命令对话框

## 6.2 面的编辑

在 NX 软件中，面的编辑主要包括"移动面""偏置区域""替换面"和"删除面"几个命令。

**1. 移动面**

"移动面"操作就是通过改变模型的面位置来创建模型，从而得到新的模型，即用于实体中移动某一组面并调整要适应的相邻面。可以使用线性、角方式或环向移动所选的面组。

以下情况可考虑使用移动面功能。

1）重定位一组面到另一位置以满足设计意图。

2）修改无历史记录的钣金件的折弯角度。

3）绕指定的轴或点旋转一组面（如旋转轴上的键槽角度）。

4）改变整个实体的方位，而无论其建模历史如何。

"移动面"命令的位置在"主页"菜单栏"同步建模"模块中，图标为" "，如图6-8所示。

图6-8 "移动面"命令位置

图6-9所示为"移动面"命令对话框。其中，"选择面"为要进行移动操作的面，"距离"为面移动的距离。

[**例6-1**] 对图6-10所示的模型（素材-第6章-029.prt）应用"移动面"命令。

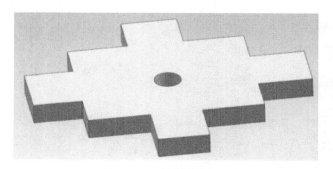

图6-9 "移动面"命令对话框　　　　图6-10 [例6-1]模型

**解：** 1）打开素材-第6章-029.prt文件。依次单击"主页"→"同步建模"→"移动面"，在弹出的"移动面"命令对话框中，"选择面"设为实体的上表面，"运动"选为"距离-角度"，"距离"设为8，"角度"设为0，其余按默认设置，如图6-11所示。

2）在"移动面"命令对话框中，单击"确定"按钮后，"移动面"命令效果如图6-12所示。

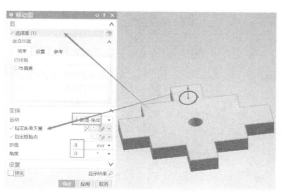

图 6-11　"移动面"命令对话框设置

图 6-12　"移动面"命令效果图

### 2. 偏置区域

"偏置区域"命令主要是使一组面偏离当前位置，并调整相邻面以适应其他的面。从当前位置偏置一组面，并调整相邻面。使用该命令可以一次偏置一组面或整个体，也可以重新生成相邻面。

"偏置区域"相比"偏置面"命令的优势为可以使用面查找器选择相关面，相邻面自动协调，同时可以控制相交面的溢出行为。

"偏置区域"命令的位置在"主页"菜单栏"同步建模"模块中，图标为" 🗗 "，如图 6-13 所示。

图 6-13　"偏置区域"命令位置

[例 6-2]　对图 6-14 所示的模型（素材-第 6 章-030. prt）应用"偏置区域"命令。

**解：** 1）打开素材-第 6 章-030. prt 文件。依次单击"主页"→"同步建模"→"偏置区域"，在弹出的"偏置区域"命令对话框中，"选择面"选为图中深色面，"距离"设为 20，其余按默认设置，如图 6-15 所示。

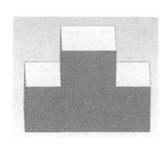

图 6-14　[例 6-2]模型

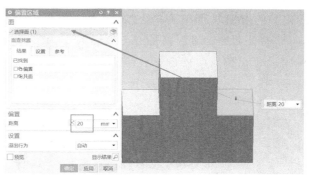

图 6-15　"偏置区域"命令对话框设置

注意："偏置区域"命令对话框中的"选择面"为需要偏置的面，"距离"为偏置的距离。

2）在"偏置区域"命令对话框中，单击"确定"按钮后，"偏置区域"命令效果如图6-16所示。

### 3．替换面

"替换面"命令可将实体上的某一组面替换为另一组面。在"主页"菜单栏中下拉菜单"同步建模"模块中单击"替换面"，如图6-17所示。

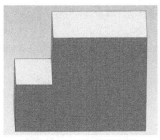

图6-16　"偏置区域"
命令效果图

"替换面"命令对话框如图6-18所示。其中，"原始面"中的"选择面"设为需要被替换的面，"替换面"中的"选择面"设为要替换掉原始面的面，"距离"设为偏置距离。

图6-17　"替换面"命令入口

[例6-3]　对图6-19所示的模型（素材-第6章-031.prt）应用"替换面"命令。

图6-18　"替换面"命令对话框

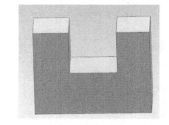

图6-19　[例6-3]模型

**解：**1）打开素材-第6章-031.prt文件。依次单击"主页"→"同步建模"→"替换面"，在弹出的"替换面"命令对话框中，按照图6-20所示选择原始面和替换面，其余按默认设置。

2）在"替换面"命令对话框中，单击"确定"按钮后，"替换面"命令效果如图6-21所示。

### 4．删除面

"删除面"命令是将实体上的某一组面删除掉。使用"删除面"命令，可以删除选择的几何或孔，可以通过删除的面自动修复或保留模型中留下的开放区域，可以保存相邻面，也可以将一个物体分割成多个物体。删除面之后，删除面特征将出现在模型的历史记录中，可以像其他特性一样编辑或删除它。在修改没有特征历史的导入模型时，"删除面"命令特别

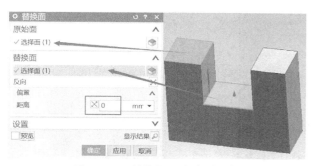

图 6-20　"替换面"命令对话框

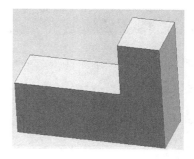

图 6-21　"替换面"命令效果图

有用。

在"主页"菜单栏中"同步建模"模块可找到"删除面"命令，如图 6-22 所示。

图 6-22　"删除面"命令位置

[例 6-4]　对图 6-23 所示的模型（素材-第 6 章-032. prt）应用"删除面"命令。

**解**：1）打开素材-第 6 章-032. prt 文件。依次单击"主页"→"同步建模"→"删除面"，在弹出的"删除面"命令对话框中，按照图 6-24 所示界面进行设置。

2）在"删除面"命令对话框中，单击"确定"按钮后，"删除面"命令效果如图 6-25 所示。

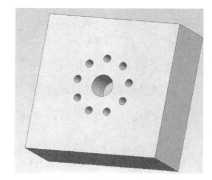

图 6-23　[例 6-4]模型

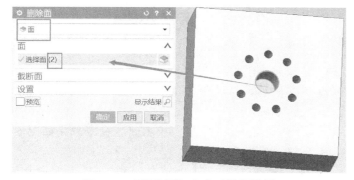

图 6-24　"删除面"命令对话框设置

图 6-25　"删除面"命令效果图

## 6.3 移动编辑

在 NX 软件中，移动编辑操作主要是拉出面、调整面大小，通过拉出面和改变面的大小来创建新模型。

### 1. 拉出面

"拉出面"命令可从模型中抽取面以添加材料或将面抽取到模型中以去除材料。使用"拉出面"命令从面区域派生出体积，然后使用该体积修改模型。它保留了被拉面的区域，并且不修改相邻面。尽管与"移动面"命令类似，但"拉出面"命令添加或减去新体积，而"移动面"命令修改现有体积。

在功能区"主页"菜单栏的下拉菜单"同步建模"模块中选择"更多"，单击其下面的倒三角形，在选项中单击"拉出面"，如图 6-26 所示。

图 6-26 "拉出面"命令位置

"拉出面"命令对话框如图 6-27 所示。其中，"选择面"为选择要进行该操作的面，"指定矢量"为拉出的方向，"距离"为拉出面的距离。

[例 6-5] 对图 6-28 所示的模型（素材-第 6 章-033. prt）应用"拉出面"命令。

图 6-27 "拉出面"命令对话框

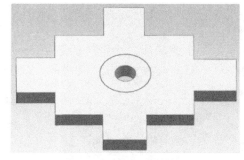

图 6-28 [例 6-5] 模型

**解：** 1）打开素材-第 6 章-033. prt 文件。依次单击"主页"→"同步建模"→"拉出面"，在弹出的"拉出面"命令对话框中，按照图 6-29 所示界面设置"拉出面"命令对话框，其余按默认设置。

2）在"拉出面"命令对话框中，单击"确定"按钮后，"拉出面"命令效果如图 6-30 所示。

### 2. 调整面大小

在 NX1847 中，调整面操作可改变圆柱或者球面的直径，并同时调整相邻面。使用"调整面大小"命令修改圆柱面、圆锥面或球面的直径，并自动更新相邻的混合面。可以使用

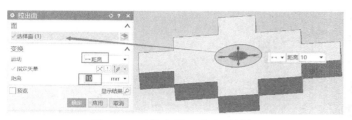

图 6-29　"拉出面"命令对话框

图 6-30　"拉出面"命令效果图

此命令进行以下操作。

1）将一组圆柱面更改为具有相同的直径。

2）将一组圆锥面更改为具有相同的半锥角。

3）将一组球面更改为具有相同的直径。

4）用任何参数更改重新创建连接的倒圆。

在功能区"主页"菜单栏中下拉菜单"同步建模"模块中选择"更多"，单击其下面的倒三角形，在选项中单击"调整面大小"命令，如图 6-31 所示。

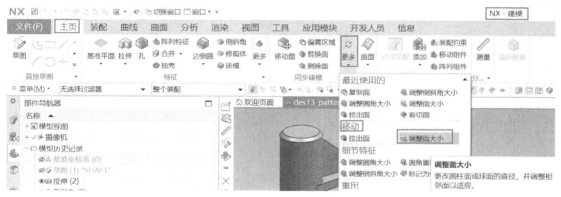

图 6-31　"调整面大小"命令位置

[**例 6-6**]　对图 6-32 所示的模型（素材-第 6 章-034. prt）应用"调整面大小"命令。

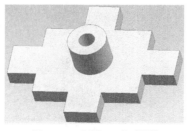

图 6-32　[例 6-6] 模型

**解：**1）打开素材-第 6 章-034. prt 文件。依次单击"主页"→"同步建模"→"更多"→"调整面大小"，在弹出的"调整面大小"命令对话框中，按照图 6-33 所示设置"选择面"和"直径"，其余按默认设置。

2）在"调整面大小"命令对话框中，单击"确定"按钮后，"调整面大小"命令效果如图 6-34 所示。

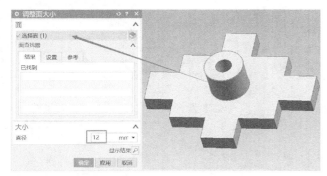

图 6-33 "调整面大小"命令对话框设置

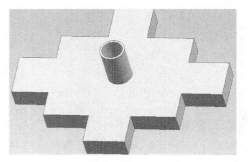

图 6-34 "调整面大小"命令效果图

# 6.4 细节特征编辑

特征操作是对模型进行精细加工的方法，通过特征操作相关命令的应用，可以对模型的边、面和已经创建的特征进行再加工处理或对其特征进行特殊操作。

## 1. 调整圆角大小

"调整圆角大小"命令可改变圆柱实体的圆角面大小。该命令用来改变倒圆角的半径，而不需要考虑其建模历史。"调整圆角大小"命令可以用于修改转换来的模型或者非参模型。

在功能区"主页"菜单栏中下拉菜单"同步建模"模块中选择"更多"，单击其下面的倒三角形，在选项中单击"调整圆角大小"，如图 6-35 所示。

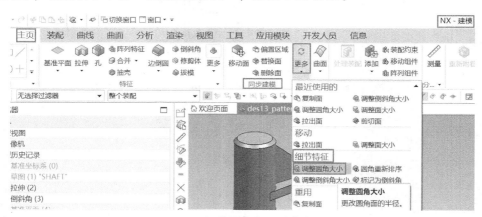

图 6-35 "调整圆角大小"命令位置

"调整圆角大小"命令对话框如图 6-36 所示。其中，选择圆角面指选择要进行该操作的圆角，半径指设置圆角的大小。

[例 6-7] 对图 6-37 所示的模型（素材-第 6 章-035.prt）应用"调整圆角大小"命令。

**解**：1）打开素材-第 6 章-035.prt 文件。依次单击"主页"→"同步建模"→"更多"→"调整圆角大小"，在弹出的"调整圆角大小"命令对话框中，按照图 6-38 所示设置圆角面和半径,其余按默认设置。

2)在"调整圆角大小"命令对话框中,单击"确定"按钮后,"调整圆角大小"命令效果如图6-39所示。

### 2. 调整倒斜角大小

在 NX 软件中调整倒斜角操作可改变实体的倒斜角面大小。使用"调整倒斜角大小"命令可更改倒角的大小或类型,即对称、不对称或偏移和角度。所选的面必须是平面的或圆锥形的,必须有一个恒定的宽度,且不能作为另一个倒角的组成面。

图 6-36  "调整圆角大小"命令对话框

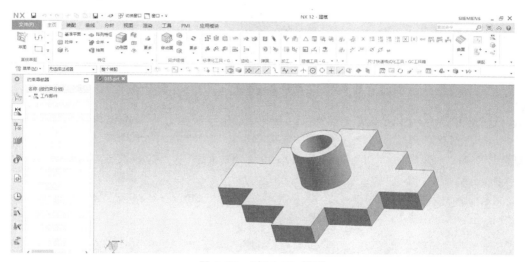

图 6-37  [例 6-7] 模型

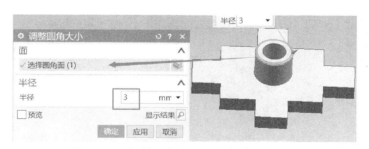

图 6-38  "调整圆角大小"命令对话框设置

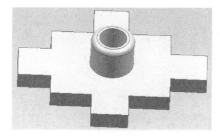

图 6-39  "调整圆角大小"命令效果图

注意：如果面符合所有标准，但不被识别为倒角，需要首先使用 Label Chamfer。

在功能区"主页"菜单栏中下拉菜单"同步建模"模块中选择"更多"，单击其下面的倒三角形，在选项中单击"调整倒斜角大小"命令，如图 6-40 所示。

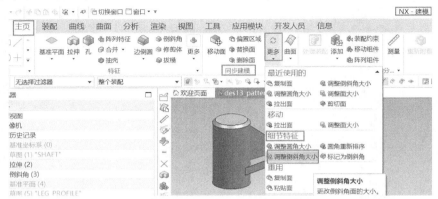

图 6-40　"调整倒斜角大小"命令位置

[**例 6-8**]　对图 6-41 所示模型（素材-第 6 章-036.prt）应用"调整倒斜角大小"命令。

**解**：1）打开素材-第 6 章-036.prt 文件。依次单击"主页"→"同步建模"→"更多"→"调整倒斜角大小"，在弹出的"调整倒斜角大小"命令对话框中，按照图 6-42 所示设置"选择面""横截面"和"偏置 1"，其余按默认设置。

2）在"调整倒斜角大小"命令对话框中，单击"确定"按钮后，"调整倒斜角大小"命令效果如图 6-43 所示。

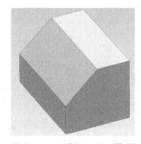　　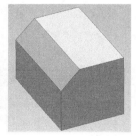

图 6-41　[例 6-8]模型　　图 6-42　"调整倒斜角大小"命令对话框设置　　图 6-43　"调整倒斜角大小"命令效果图

## 6.5　重用面

在 NX1847 中重用面的创建主要是通过"复制面""剪切面"命令实现的，以此了解如何创建重用面。

**1. 复制面**

"复制面"命令可以复制实体中的某一面。在功能区"主页"菜单栏中下拉菜单"同步建模"模块中选择"更多"，单击下面的倒三角形，在选项中单击"复制面"命令，如图 6-44 所示。

图 6-44　"复制面"命令位置

[**例 6-9**]　对图 6-45 所示的模型（素材-第 6 章-037. prt）应用"复制面"命令。

**解**：1）打开素材-第 6 章-037. prt 文件。依次单击"主页"→"同步建模"→"更多"→"复制面"，在弹出的"复制面"命令对话框中，按照图 6-46 所示设置"选择面"和"距离"，其余按默认设置。

2）在"复制面"命令对话框中，单击"确定"按钮后，"复制面"命令效果如图 6-47 所示。

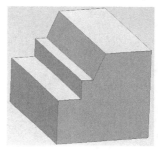

图 6-45　[例 6-9] 模型

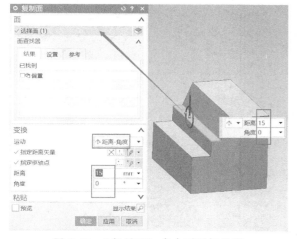

图 6-46　"复制面"命令对话框设置

图 6-47　"复制面"命令效果图

### 2. 剪切面

"剪切面"命令可复制一组面并从模型中删除它们。可以使用该命令将剪切面粘贴到同一个实体中。当在非关联模型中抑制面时，"剪切面"命令特别有用。因为非关联模型没有要抑制的特征，所以可以使用"剪切面"命令临时删除面。

在功能区"主页"菜单栏中下拉菜单"同步建模"模块中选择"更多"，单击其下面的倒三角形，在选项中单击"剪切面"命令，如图6-48所示。

图6-48 "剪切面"命令位置

[例6-10] 对图6-49所示的模型（素材-第6章-038.prt）应用"剪切面"命令。

**解**：1）打开素材-第6章-038.prt文件。依次单击"主页"→"同步建模"→"更多"→"剪切面"，在弹出的"剪切面"命令对话框中，按照图6-50所示设置"选择面""运动"和"距离"，其余按默认设置。

2）在"剪切面"命令对话框中，单击"确定"按钮后，"剪切面"命令效果如图6-51所示。

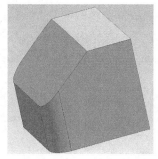

图6-49 ［例6-10］模型

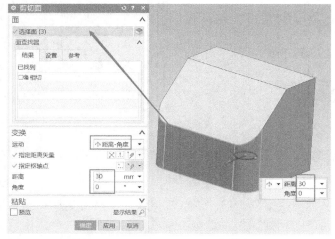

图6-50 "剪切面"命令对话框设置

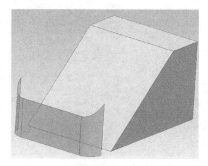

图6-51 "剪切面"命令效果图

## 思考与练习题

1. 检查模型的作用是什么？
2. 打开模型"第 6 章第 2 题 .prt"文件，如图 6-52 所示，将图中圆角半径变大。

图 6-52 题 2 图

3. 打开模型"第 6 章第 3 题 .prt"文件，如图 6-53 所示，将图 a 变为图 b。

a)            b)

图 6-53 题 3 图

## 第7章

# NX CAD软件的装配功能

"装配"命令应用于创建单个零件或部件（子装配）的装配模型，可用于分离主模型与下游应用（如拔模、制造、分析等）；用于测量装配中零组件间的静态间隙、距离、角度等；用于设计零件，以使空间匹配；用于创建装配图，显示所有或所选的组件。"装配"命令在 NX 软件中的位置如图 7-1 所示。

图 7-1 "装配"命令的位置

## 7.1 装配介绍与加载

装配就是一个包含组件对象的部件。组件对象是指向单独部件或子装配的指针。组件与零件不同，组件数目大于或等于零件数目。例如，一个装配有 18 个组件，但零件只有五个，图 7-2 所示为装配导航器列表。例如，空气压缩机是一个包含许多组件对象的装配。

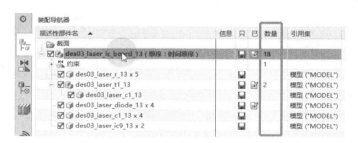

图 7-2 装配导航器列表

子装配本身是一个装配，但是它同时还是更高一级装配的一个组件。

组件对象是一个指向包含组件几何的文件的非几何指针。用户定义一个组件后，操作所在的部件就有了一个新的组件对象。组件对象使得组件被显示在装配中而无须复制任何几何。组件对象存储了有关组件的信息，包括层、颜色、组件相对于装配的位置、组件文件在操作系统上的路径、用于显示的引用级。

图 7-3 所示为顶层装配与子装配及组件对象三者关系的说明。

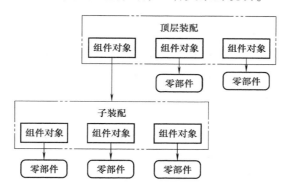

**图 7-3　顶层装配与子装配及组件对象关系说明**

组件文件是装配中的组件对象引用的文件。组件文件中的几何可以在装配中看到，但没有复制。零部件（Piece Part）或单独部件（Standalone Part）指的是本身不是装配的部件文件。

**1. 装配加载**

加载状态描述了从文件存储的硬盘加载到计算机内存的数据量。装配加载有三种状态，即全部加载、部分加载和不加载。

全部加载指所有文件中的数据加载到内存。可用于加载小型装配或者大型装配的某个子集并编辑，也可以为参数化数据创建链接。

部分加载指加载足够的数据到内存，以显示部件。参数化数据没有加载到内存。该状态方便快速地打开装配，因为没有完全加载组件，并为即将修改的零组件保留了内存。可以在编辑组件数据前完全加载组件。

不加载指文件数据不会被加载，仅加载装配结构信息，如位置、组件以边界盒（Bounding Box）方式表示。可用于非常大的装配，根据需要仅加载需要操作的局部装配分支，而不加载其余数据。

用"装配加载选项"命令（对话框如图 7-4 所示）配置打开的组件零件如何加载到内存，包括：

1）怎样加载多个版本或小版本的零件。

2）在本地模式下，如何查找组件。

3）确定完全或部分加载组件。

4）默认加载的引用集。

5）用部件版本选项来控制如何查找组件。其中，"按照保存的"表示系统自动在装配组件的存盘位置搜索并加载组件；"从文件夹"表示系统自动在装配文件所在的位

**图 7-4　"装配加载选项"命令对话框**

置搜索并加载组件；"从搜索文件夹"表示系统在用户定义的目录下搜索并加载组件。

在图7-4中，部件范围选项用来控制装配的配置与零件的加载状态。其中，"所有组件"指装配下的所有组件均被加载；"仅限于结构"指仅仅加载装配的结构，所有组件均保持为关闭状态；"按照保存的"指根据装配最后的存盘状态来决定被加载的组件；"重新评估上一个组件组"指以最后保存时所使用的组件组状态加载；"指定组件组"指以指定的组件组加载；"部分加载"指部件部分加载，除了加载部件间数据设置要求部件全部加载的情况；"轻量化显示"指轻量化显示是组件的片体与实体的小面片显示。小面片体通常用来作为组件的替代显示。该选项与部分加载选项一起作用，可提高性能与内存效益；"加载部件间数据"指查找并加载部件间数据的父结点，甚至当零组件被其他规则设置为不加载的状态下。

在图7-4中，引用集指定加载装配时要按顺序查找的引用集列表。打开装配时，每个零件按照引用集设置的顺序解算；如果零件以空作为加载时引用集解算的结果，零件不会加载；如果子装配以空作为加载时引用集解算的结果，子装配或零件都不会加载；如果子装配以空部件作为加载时引用集解算的结果，子装配会被加载，并会向下解算其组件的加载规则。

**2. 装配导航器**

装配导航器以树状结构显示装配结构，组件属性记忆组件之间的装配约束。使用装配导航器可以查看显示部件的装配结构、对指定组件应用命令、拖拽结点到另外的父结点下、改变装配结构、识别组件及选择组件。图7-5所示为装配导航器。

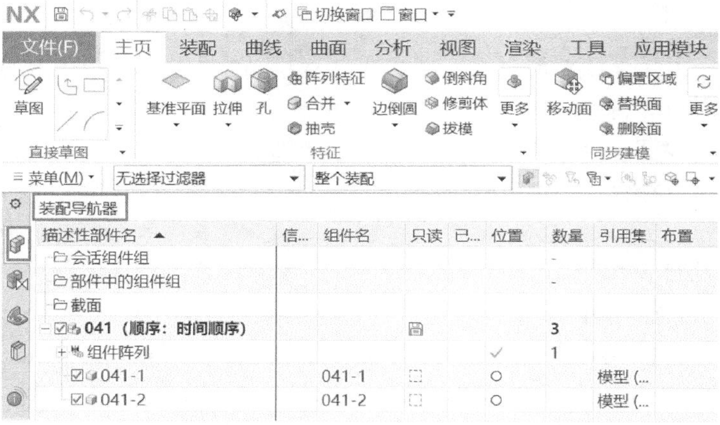

图7-5　装配导航器

装配导航器中选择树结构结点之前的符号含义见表7-1。

表7-1　装配导航器中选择树结构结点之前的符号含义

| 符号 | 含义 |
|---|---|
| | 截面与组件组的查看容器 |
| | 展开装配或子装配结点 |
| | 收起装配或子装配结点 |
| | 表示一个或多个组件被装配导航器显示过滤，该符号显示在"更多"之前 |

装配导航器中，表明装配或子装配状态符号的含义见表7-2。

表 7-2　表明装配或子装配状态符号的含义

| 符号 | 含义 |
| --- | --- |
| | 装配是工作部件，或者子装配是工作部件的组件 |
| | 装配已加载，但既不是工作部件(子装配)，也不是工作部件的组件 |
| | 装配没有被加载 |

装配导航器中，装配零件状态符号的含义见表7-3。

表 7-3　装配零件状态符号的含义

| 符号 | 含义 |
| --- | --- |
| | 组件是工作部件，或组件是工作部件(子装配)的组件 |
| | 组件既不是工作部件，也不是工作部件的组件 |
| | 组件已关闭 |

装配导航器中，结构树上组件对应选择框的含义见表7-4。

表 7-4　结构树上组件对应选择框的含义

| 符号 | 含义 |
| --- | --- |
| | 组件没有被加载 |
| | 组件被部分加载，但不可见 |
| | 组件被部分加载并可见 |
| | 零件被抑制 |

### 3. 在装配上下文中设计

在装配上下文中设计为在其余组件可见，作为参考的情况下，创建和编辑某个组件，进行设计工作。一个组件的几何可以被用来设计另一组件。例如，用一个组件里的面或者边来定义另一个组件的拉伸特征。

上下文设计可以控制已加载的和可见的组件。要编辑装配中的某个组件，必须先将其设置为工作部件，工作部件可以是装配根结点、子装配和组件。

### 4. 装配导航器命令

用鼠标右键单击装配导航器的结点，可以显示与组件显示相关的命令，如图7-6所示。其中，每个命令的含义见表7-5。

### 5. 部件版本与保存装配

在 NX 软件中，有关保存的命令如图7-7所示，主要包括"保存（S）""仅保存工作部件（W）""另存为（A）""全部保存（V）""保存书签（B）"和"保存选项（S）"。

表 7-5　装配导航器命令

| 命令 | 含义 |
|---|---|
| 打包 | 打包 |
| 解包 | 解包 |
| 设为工作部件 | 设为工作部件，新几何对象将创建于此部件内 |
| 设为显示部件 | 设为显示部件 |
| 显示结点 | 设置显示部件为所选部件的指定的上层结点 |
| 打开（选项数量依赖结点情况） | 组件：基于当前加载选项打开所选组件 |
| | 装配：打开所选的子装配 |
| | 完全加载组件：完全加载所选组件（忽略使用部分加载选项） |
| | 子组件：打开子组件 |
| 关闭部件 | 关闭所选组件 |
| 关闭装配 | 关闭所选整个子装配 |

图 7-6　用鼠标右键单击装配
导航器结点显示命令

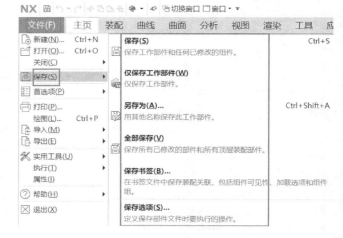

图 7-7　NX 软件中的保存

"保存（S）"命令可保存工作部件和任何已修改的组件。如果是单个零件，则该零件被保存；如果是装配或子装配，则其下的所有被修改的组件被保存；该命令不保存其上层的已修改的零件。

"仅保存工作部件（W）"命令仅保存当前工作部件，而不管其下的部件是否被修改。

"另存为（A）"命令可用其他名称保存此工作部件。

"全部保存（V）"命令可保存当前内存中所有已修改的部件。除非是访问权限问题不能访问，这时系统会有提示信息。

"保存书签（B）"命令可在书签文件中保存装配关联，包括组件可见性、加载选项和组件组。

"保存选项（S）"命令可定义保存部件文件时要执行的操作。

## 7.2　创建组件

组件的创建主要是通过添加组件、新建组件、阵列组件、镜像装配、替换组件等操作，以了解如何创建组件及对载入或创造组件的编辑。

### 7.2.1　添加组件

添加组件指通过选择已加载的部件或从软盘中选择部件，将组件添加到装配。该命令在功能区"装配"菜单栏"组件"模块中，图标为""，如图7-8所示。

图 7-8　"添加组件"命令位置

"添加组件"命令对话框如图7-9所示。"要放置的部件"为需要添加的部件。"选择部件"命令可用于打开原装配里带的部件；如果需要原装配模型里面没有的部件，可以单击"打开"右边的图标""查找所需要添加的组件。

图7-9中的"位置"为组件添加的位置。由"组件锚点""装配位置""选择对象"和"循环定向"四个选项确定。"组件锚点"只有绝对坐标系。"装配位置"有四个选择，即"对齐""绝对坐标系-工作部件""绝对坐标系-显示部件""工作坐标系"。其中，"对齐"是通过选择位置来定义坐标系；"绝对坐标系-工作部件"是将组件放置于当前工作部件的绝对原点；"绝对坐标系-显示部件"是将组件放置于当前显示部件的绝对原点；"工作坐标系"是将组件放置于工作坐标系。"选择对象"是选择组件放置的位置。

在图7-9中，"放置"有移动和约束两种方式。其中，"移动"为按需求移动鼠标放置，不需要约束；"约束"为通过约束组件来决定放置进来组件的位置。

图 7-9　"添加组件"
命令对话框

在图7-9中，"设置"有四个选项，即"分散组件""保持约束""预览"和"预览窗口"，用户可按需求勾选。其中，"分散组件"指组件不重叠；"保持约束"是在确定或应用时保持装配约束；"预览"指启用或禁用预览；"预览窗口"是显示额外图形窗口，展示没有放置于装配的组件。

[例7-1]　对图7-10所示模型（素材-第7章-039a.prt、039b.prt），使用"添加组件"命令来添加需要的组件。

**解**：1）打开素材-第7章-039a.prt文件。然后，在功能区"装配"菜单栏"组件"

a)　　　　　　　b)

图 7-10　[例7-1]模型
a）素材 039a.prt　b）素材 039b.prt

中单击"添加"命令，弹出"添加组件"对话框，在"要放置的部件"中单击"打开"右边的文件夹，如图7-11a所示。在弹出的"部件名"对话框中，选择"39b. prt"文件，然后单击"OK"按钮，如图7-11b所示。

图 7-11 "添加组件"命令对话框中选择添加组件

a）打开部件 b）选择部件

2）返回到"添加组件"命令对话框中，如图7-12a所示。单击"位置"下的"选择对象"，然后移动光标来选择新组件的放置位置，如图7-12b所示。

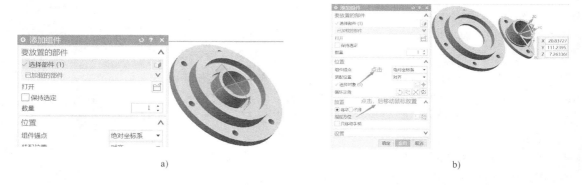

图 7-12 确定组件放置位置

a）选择组件后效果 b）确定放置位置

3）在"添加组件"命令对话框中单击"确定"按钮后，弹出"创建固定约束"命令对话框（如图7-13a所示），在该对话框中单击"是"按钮，得到"添加组件"命令效果如图7-13b所示。

## 7.2.2 新建组件

使用"新建组件"命令，可以通过选择几何体并将其转换为组件，在装配中新建组件。该命令在功能区"装配"菜单栏"组件"模块中，图标为" "，如图7-14所示。

新建组件首先要确定新建组件的类型，可选"模型"或者"装配"，然后要确定组件的名称与存放位置，如图7-15所示。

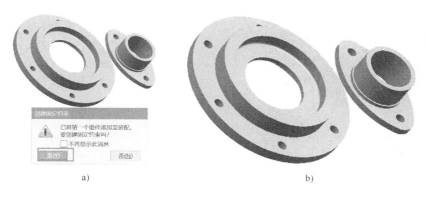

图 7-13 "添加组件"命令效果图

a）添加组件确定 b）添加效果

图 7-14 "新建组件"命令位置

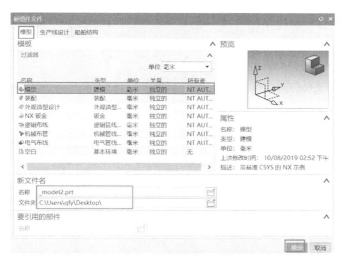

图 7-15 新建组件位置与名称确认

确认好新建组件的文件名和位置后，系统会弹出"新建组件"命令对话框，如图 7-16 所示。其中，"对象"为新建组件可以复制的对象。"设置"中"删除原对象"可以选中也可以不选，选中表示新建组件的时候会把原参考文件的模型删掉；不选中，表示新建组件的时候源文件的模型仍然存在。

[**例 7-2**] 对图 7-17 所示的模型（素材-第 7 章-040. prt）使用"新建组件"命令。

**解**：1）打开素材-第 7 章-040. prt 文件，如图 7-17 所示。

2）在功能区"装配"菜单栏"组件"模块中单击"新建"命令图标，系统弹出"新

图 7-16　"新建组件"命令对话框

图 7-17　［例 7-2］模型

组件文件"命令对话框。在"新组件文件"命令对话框中选择"模型"并设置模型"名称"为_model1.prt，并设置文件夹路径，完成后单击"确定"按钮，如图 7-18 所示。

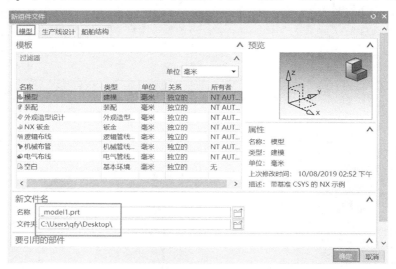

图 7-18　"新组件文件"命令对话框设置

3）"新组件文件"命令对话框设置完成后，系统会弹出"新建组件"命令对话框，在"对象"中选择图 7-17 所示的 040.prt 文件模型，其余按默认设置，完成后单击"确定"按钮，如图 7-19 所示。（注意：在本例中"删除原对象"前面没有选中，这表示在新建子组件

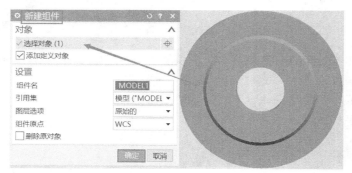

图 7-19　"新建组件"命令对话框设置

的时候原文件中的模型仍然存在。）

4）完成"新建组件"命令对话框设置后，效果如图7-20所示。可以看出本例给040.prt文件新建了一个与原模型相同的子组件。

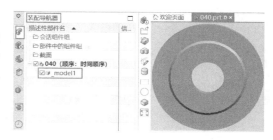

图7-20　"新建组件"命令效果图

### 7.2.3　阵列组件

"阵列组件"命令指通过对象载入到装配图中的组件进行操作，生成一个组件阵列。该命令在功能区"装配"菜单栏"组件"模块中，位置如图7-21所示。

图7-21　"阵列组件"命令位置

"阵列组件"命令对话框如图7-22所示。其中，"要形成阵列的组件"中"选择组件"为选择要阵列的组件。

如图7-22所示，"阵列定义"中"布局"是阵列组件的布局方式，有三种即线性、圆形和参考，不同的布局方式对应不同的布局框。其中，"线性"是使用一个或两个线性方向定义布局；"圆形"为使用旋转轴和可选的径向间距参数定义布局；"参考"是使用现有阵列的定义来定义布局。单击"显示快捷方式"即显示三种布局方式的快捷方式。另外，"布局"中"对称"选项勾选上之后即能实现对称阵列；"布局"中"使用方向2"勾选上之后表示可以在多个方向阵列组件。

[例7-3]　对图7-23所示的模型（素材-第7章-041.prt）应用"阵列组件"命令。

**解**：1）打开素材-第7章-041.prt文件，如图7-23所示。

2）在功能区"装配"菜单栏"组件"模块中单击"陈列组件"，系统弹出"阵型组件"命令对话框。在绘图区选择对话框中的"选择组件"为041-2.prt的模型，"布局"选为"圆形"，如图7-24所示。

图7-22　"阵列组件"命令对话框

3）在"阵列组件"命令对话框中的"指定矢量"为"ZC轴"和"指定点"为圆盘上表面的中心点，"间距"选为"数量和间隔"方式，"数量"设为8，"节距角"设为45，其余按默认设置，并单击"确定"按钮，如图7-25所示。

图 7-23　［例 7-3］模型

图 7-24　"选择组件"命令对话框

4）"阵列组件"命令对话框设置好后，"阵列组件"命令效果如图 7-26 所示。可以看出，041-2. prt 文件的组件变为八个。

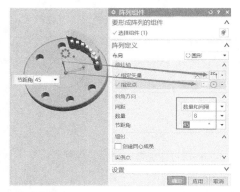

图 7-25　"阵列组件"命令中阵列定义设置

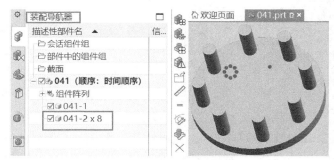

图 7-26　"阵列组件"命令效果图

## 7.2.4　镜像装配

"镜像装配"命令可以将载入的装配通过某一个指定的面创建镜像装配。该命令在功能区"装配"菜单栏"组件"模块中，位置如图 7-27 所示。

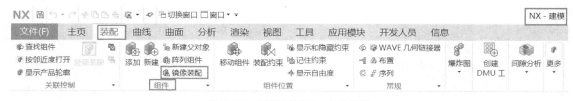

图 7-27　"镜像装配"命令位置

"镜像装配"命令的使用方法将在下面的例子中详细说明。

［例 7-4］　对图 7-28 所示的模型（素材-第 7 章-042. prt）应用"镜像装配"命令。

解：1）打开素材-第 7 章-042. prt 文件，如图 7-28 所示。

2）在功能区"装配"菜单栏"组件"模块单击"镜像装配"命令，系统弹出"镜像装配向导"命令对话框，在对话框中单击"下一步"按钮，如图 7-29 所示。

3）再次弹出"镜像装配向导"命令对话框，选择 042-3. prt 为"选择组件"，并单击"下一步"按钮，如图 7-30 所示。

4）再次弹出"镜像装配向导"命令对话框，单击图 7-31 中的基准面为"选择平面"

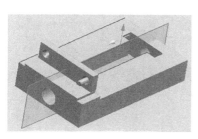

图 7-28　［例 7-4］模型

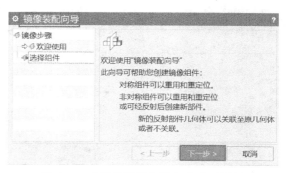

图 7-29　"镜像装配向导"命令对话框

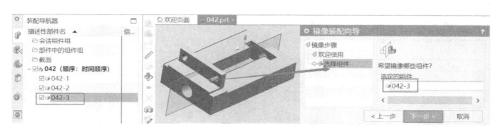

图 7-30　选择镜像组件

并单击"下一步"按钮。

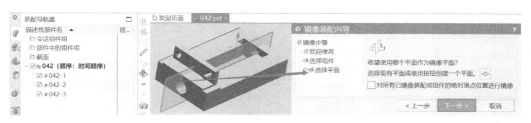

图 7-31　选择镜像面

5）再次弹出新的"镜像装配向导"命令对话框，在该对话框中设置镜像文件的名称和存放位置，按系统默认设置，单击"下一步"按钮，如图 7-32 所示。

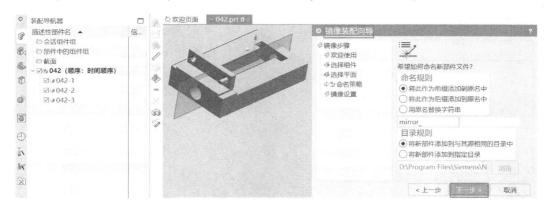

图 7-32　镜像文件名称与路径设置

6）再次弹出新的"镜像装配向导"命令对话框，如图7-33a所示，按系统默认设置，单击"下一步"按钮。随后弹出新的"镜像装配向导"命令对话框，显示了镜像组件、类型以及重定位解算等，完成后单击"完成"按钮，如图7-33b所示。

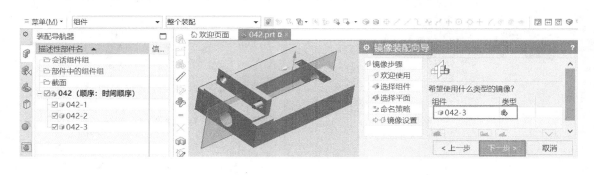

a)

b)

图7-33　镜像实例确认

a）确认镜像类型　　b）确认定位镜像实例的方法

7）完成所有"镜像装配向导"命令对话框设置后，"镜像装配"效果如图7-34所示。

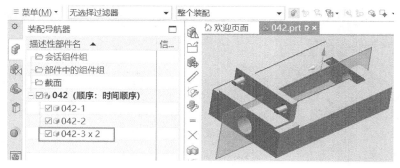

图7-34　"镜像装配"效果图

## 7.2.5　替换组件

使用"替换组件"命令，可以在装配过程中将新的组件替换原来的组件。该命令在功能区"装配"菜单栏"更多"的"组件"模块中，图标为" "，如图7-35所示。

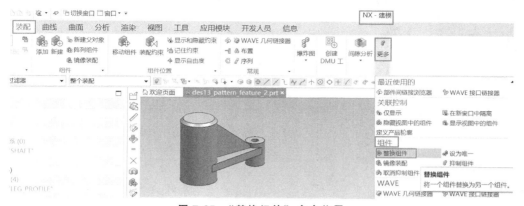

图7-35　"替换组件"命令位置

"替换组件"命令对话框如图7-36所示。

如图7-36所示，"要替换的组件"中"选择组件"设为选择需要被替换掉的组件；"替换件"中"选择部件"是需要用来替换的组件。"替换件"可以选择当前视图窗口已经存在的组件，或者去搜索硬盘上存在的组件，并按照"视图样式"用"列表""中""平铺""小""特别小"五种方式供用户选择。"未加载的部件"可以单击"浏览"右边的文件夹图标"□"，去选择要加载的部件。

[例7-5]　对图7-37所示的装配（素材-第7章-043.prt）应用"替换组件"命令。

图7-36　"替换组件"命令对话框

**解**：1）打开素材-第7章-043.prt文件，如图7-37所示。

2）在功能区"装配"菜单栏"更多"的"组件"模块中单击"替换组件"命令，系统弹出"替换组件"命令对话框。在该对话框中，"要替换的组件"选为043-1.prt文件，如图7-38所示。

3）在"替换组件"命令对话框中，在"替换件"模块单击"未加载的部件"中"浏览"右边的文件夹图标，在弹出的"部件名"对话框中，选择"043-2.prt"文件，并单击"OK"按钮，如图7-39所示。

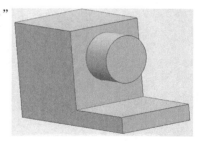

图7-37　[例7-5]模型

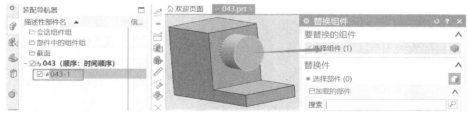

图7-38　选择要替换的组件

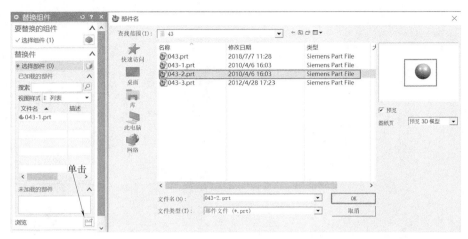

**图 7-39　选择替换组件**

4）在返回的"替换组件"命令对话框中，单击"确定"按钮，如图 7-40 所示。

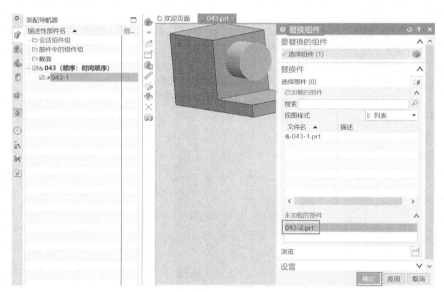

**图 7-40　"替换组件"命令对话框设置**

5）确定好"替换组件"命令对话框设置后，效果如图 7-41 所示。

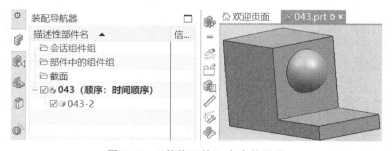

**图 7-41　"替换组件"命令效果图**

## 7.3 组件位置编辑

组件位置的编辑主要指移动组件、装配约束等操作，通过装配结构的创建来改变组件位置。

### 7.3.1 移动组件

"移动组件"命令可以在装配完成后对装配中的组件重新定义位置。该命令在功能区"装配"菜单栏"组件位置"模块中，图标为""，如图7-42所示。

**图7-42 "移动组件"命令位置**

"移动组件"命令对话框如图7-43所示。其中，"要移动的组件"为需要移动的组件。"变换"的意思是指定组件的移动方式。用户可以根据需要选择运动方式，并为其指定矢量与移动距离。"变换"中"运动"的选项及其含义见表7-6。

**表7-6 "变换"中"运动"的选项及其含义**

| 序号 | "运动"选项 | 含义 |
|---|---|---|
| 1 | 距离 | 沿某一方向按照一定的距离移动组件 |
| 2 | 角度 | 参考某一点与过该点的某一矢量，与该矢量的角度定义移动组件的方式 |
| 3 | 点到点 | 按照从指定的某一定到指定的另外一点移动组件 |
| 4 | 根据三点旋转 | 指定中心点，起始点与终止点旋转组件 |
| 5 | 将轴与矢量对齐 | 指定中心点，起始向量与终止向量移动组件 |
| 6 | 坐标系到坐标系 | 按照指定的起始坐标系和指定的目标坐标系来移动组件 |
| 7 | 动态 | 可通过拖拽、屏幕输入或点对话框方式移动组件 |
| 8 | 根据约束 | 通过添加约束移动组件，可建在同级或不同级装配之间 |
| 9 | 增量 XYZ | 基于显示部件的绝对坐标系或工作坐标系，输入移动的 XYZ 值 |
| 10 | 投影距离 | 根据指定矢量、起始点或起始对象，与终点或终止对象来移动组件 |

**图7-43 "移动组件"命令对话框**

在"移动组件"命令对话框中，"复制"有三种方式可以选择即"不复制""复制"与"手动复制"。"不复制"就是仅移动组件；"复制"就是在移动组件的同时，还复制了一个组件；"手动复制"是需要手动选择要复制的组件及填写重复次数。

同时，在图7-43所示的对话框中，"碰撞检测"中"碰撞动作"有"无""高亮显示碰撞"与"在碰撞前停止"。用户可以选择是否有碰撞。在NX MCD中，经常选择"高亮显示碰撞"。

[例 7-6] 对图 7-44 所示的装配中的组件（素材-第 7 章-044.prt）应用"移动组件"命令。

解：1）打开素材-第 7 章-044.prt 文件，如图 7-44 所示。

2）在功能区"装配"菜单栏"组件位置"中单击"移动组件"，系统弹出"移动组件"命令对话框。在该对话框中，"要移动的组件"选为 044-2.prt 文件，如图 7-45 所示。

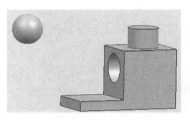

图 7-44　[例 7-6] 素材

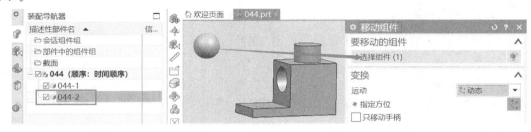

图 7-45　选择要移动的组件

3）在"移动组件"命令对话框中，单击"指定方位"鼠标移动下图的坐标到需要的位置，如图 7-46 所示。

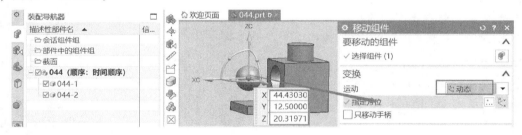

图 7-46　确定移动位置

4）在"移动组件"命令对话框中，单击"确定"按钮后，"移动组件"命令效果如图 7-47 所示。

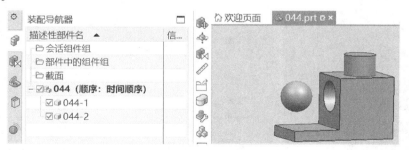

图 7-47　"移动组件"命令效果图

## 7.3.2　装配约束

"装配约束"命令用于定义组件在装配中的位置。使用"装配约束"命令可以在装配两个组件时通过指定约束关系，使相对装配中的其他组件重定位组件。NX 软件使用无方向性的位置约束，这意味着约束的两个组件都可以以符合约束要求的方式移动。可以使用装配约束来完成以下工作：

1）约束组件使得它们相互接触或对齐，接触/对齐是最常用的方法。

2）指定一个组件固定。添加第一个组件时 NX 软件会提示是否要添加固定约束。如果你希望控制软件在解算约束时移动哪一个组件，这种方法比较有效。

3）把两个或多个组件捆绑在一起，确保可以一起移动。

4）在两个组件之间定一个最小距离。

"装配约束"命令在功能区"装配"菜单栏"组件位置"模块中，图标为"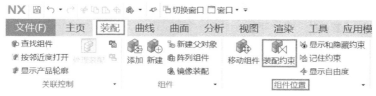"，如图 7-48 所示。

图 7-48  "装配约束"命令位置

"装配约束"命令对话框如图 7-49 所示。

装配约束的类型及含义见表 7-7，用户可以按照约束对象需要选择约束类型。

图 7-49  "装配约束"
命令对话框

表 7-7  装配约束的类型及含义

| 序号 | 约束类型 | 图标 | 含义 |
|---|---|---|---|
| 1 | 接触对齐 | | 约束两个对象以使它们相互接触或对齐 |
| 2 | 同心 | | 约束两条圆边或椭圆边以使中心重合并使边的平面共面。既贴合又对齐，比接触对齐更严格 |
| 3 | 距离 | | 指定两个对象之间的 3D 距离 |
| 4 | 固定 | | 将对象固定在其当前位置 |
| 5 | 平行 | | 将两个对象的方向矢量定义为相互平行 |
| 6 | 垂直 | | 将两个对象的方向矢量定义为相互垂直 |
| 7 | 对齐/锁定 | | 对齐不同对象中的两个轴，同时防止绕公共轴旋转 |
| 8 | 拟合 | | 约束具有相等半径的两个对象，例如圆边或椭圆边，或者圆柱面或球面 |
| 9 | 胶合 | | 将对象约束到一起以使它们作为刚体移动 |
| 10 | 中心 | | 使一个或两个对象处于一对对象的中间，或者使一对对象沿着另一个对象处于中间 |
| 11 | 角度 | | 指定两个对象（可绕指定轴）之间的角度 |

对于出错的约束，可以先抑制再进行后续纠正操作。

装配导航器的位置列显示装配约束的符号及含义见表 7-8。

对于约束结点，可能会显示以下图标之一：

1）　：已加载所有几何体。

2）　：部分几何体未加载。

表 7-8　装配约束的符号及含义

| 装配约束符号 | 含义 |
| --- | --- |
| ● | 完全约束：六个自由度均被约束 |
| ⟟ | 固定约束：组件固定 |
| ◐ | 部分约束：组件至少有一个自由度 |
| ⊗ | 约束不一致：两个或多个约束冲突 |
| ? | 延迟约束：由于约束参考了未加载数据，所以位置可能被改变 |
| ○ | 空约束：组件的六个自由度均未被约束，没有位置覆盖 |

[例 7-7]　对图 7-50 所示的装配（素材-第 7 章-045. prt）应用"装配约束"命令。

解：1）打开素材-第 7 章-045. prt 文件，如图 7-50 所示。

2）在功能区"装配"菜单栏"组件位置"中单击"装配约束"，系统弹出"装配约束"命令对话框。在该对话框中，"类型"选为"◎"，"要约束的几何体"，第一个选择螺钉的上表面，如图 7-51 所示。

图 7-50　[例 7-7] 素材

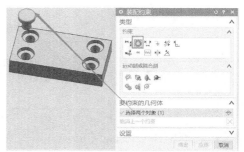

图 7-51　选择约束类型与第一个约束对象

3）在"装配约束"命令对话框中，选择图 7-52 中所示圆边为第二个约束对象。

4）在"装配约束"命令对话框中单击"确定"按钮后，"装配约束"命令效果如图 7-53 所示。

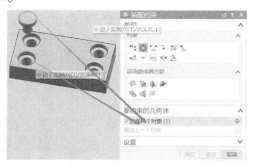

图 7-52　选择第二个约束对象

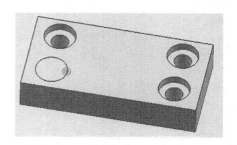

图 7-53　"装配约束"命令效果图

## 7.4　装配布置

"装配布置"也称为装配排列，可为组件定义不同的位置或姿态，展示装配的不同状态。例如，机构的不同状态：车门开启的状态、吊车工作的不同状态。图 7-54 所示为夹具的两种布置，即打开与关闭。

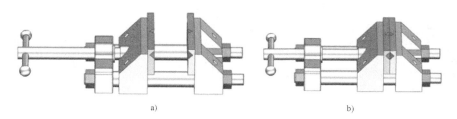

**图 7-54　夹具布置**

a）打开　b）关闭

在"装配布置"命令对话框中，组件与装配间的关系是一样的，不同的是每种布置呈现出装配的不同状态。"装配布置"是在装配或者子装配基础上创建出来的。图 7-55 所示为对装配 des02_excavator_arm_assembly.prt 建立布置"Arrangement1"的过程。

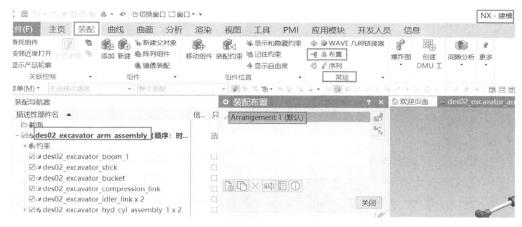

**图 7-55　装配布置的创建**

同时，NX 软件中对同一个装配可以创建任意多个布置。图 7-56 所示为对装配 des02_

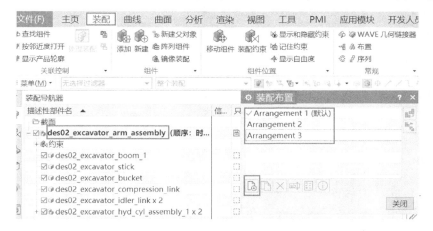

**图 7-56　多个装配布置创建**

excavator_arm_assembly. prt 建立的三个布置"Arrangement1""Arrangement2""Arrangement3"。

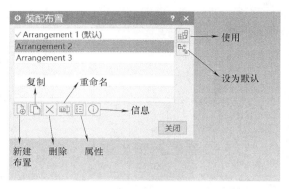

图 7-57　"装配布置"命令对话框说明

在"装配布置"命令对话框中可以通过"设为默认"选择装配打开时默认的布置，可以通过"使用"设置装配当前状态的布置，可以通过"新建布置"命令来新建布置，可以通过"复制""删除"和"重命名"命令来分别复制、删除和重命名所选布置，也可通过"属性"和"信息"命令分别查看所选布置的属性和详细信息。图 7-57 所示为"装配布置"命令对话框的说明。

## 7.4.1　装配布置状态

"装配布置"的状态分为三种，即"默认的布置""活动的布置"和"使用的布置"。图 7-58 中，Arrangement1 为默认的布置，Arrangement2 为活动的布置，Arrangement3 为使用的布置。一个装配中至少有一个默认的布置和活动的布置。当前，默认的布置也可以设置为活动的布置，即一个布置可以同时设置为默认的布置和活动的布置。

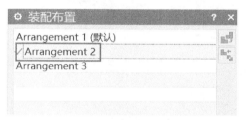

图 7-58　装配布置的三种状态

"活动的布置"是当前生效的、显示的排列。活动的布置名称前面有"✓"。当前对装配的所有操作会反映在活动布置里。

当添加或创建第一个组件时，系统自动创建的布置为"默认的布置"。默认的布置不一定是活动的布置。用户可在"装配布置"对话框中选择"⬚"图标，将活动的布置设置为默认布置，也可通过"装配布置"命令对话框对默认的布置进行编辑，如图 7-58 所示。需要注意的是约束和布置间的层级关系，即在哪一层做约束就在哪一层做布置。原因在于"装配导航器属性"命令对话框中包含的"位置"选项即为装配布置，具体如图 7-59 所示。

图 7-59　"装配导航器属性"命令对话框

默认布置一般为外部应用所用，例如，将装配序列同步到 Teamcenter 里面。

"使用的布置"为当前使用的布置，显示子装配在装配中的位置关系，控制子装配。"使用的布置"显示在装配导航器的"布置"栏，如图 7-60 所示。如果只有一个布置，则该栏为空。

图 7-60　"使用的布置"的位置

## 7.4.2　装配布置的功能

"装配布置"可为一个或多个组件或子装配定义不同的位置，供其他人做控制的参考。

[例 7-8]　通过"装配布置"控制"des02_excavator_hyd_cyl_assembly_1.prt"文件中气缸（图 7-61）的开合状态。

**解**：气缸的状态通过气缸沿矢量运动来控制，气缸沿矢量运动，受到不同的压力，则会呈现不同的开合状态。可通过"移动组件"命令来创建布置，具体做法如下。

首先，新建布置"Arrangement2"，并选择"使用"，如图 7-62 所示。

然后，在"组件位置"组选择"移动组件"进入"移动组件"命令对话框，如图 7-63 所示，选择气缸头为要移动的组件。在"移动组件"命令对话框中，在布置项中选择"应用到已使用的"，并在"动画步骤"里选择"动态更新管线布置实体"。

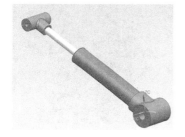

图 7-61　气缸的原始状态

图 7-62　新建布置并应用

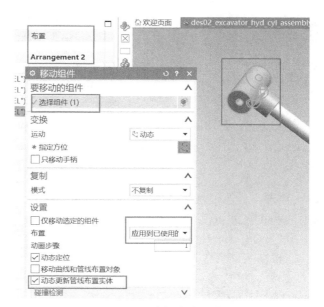

图 7-63　选择移动组件

最后，在"移动组件"命令对话框的运动选项中，指定气缸头的运动方向，如图 7-64 所示，拖动气缸头沿 XC 方向运动到需要的气缸姿态位置即可。

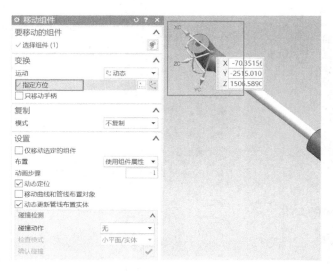

图 7-64　选择指定方向并拖动气缸运动

### 7.4.3　替代位置

"替代位置"也称为位置重载，可使组件在更高级的装配里和本级装配中的位置不同。在装配中位置重载的组件，其位置状态将显示在当前装配的所有父装配中。

[例 7-9]　通过"装配布置"与"替代位置"控制"des02_excavator_arm_assembly.prt"文件中挖掘机挖斗（图 7-65a）的状态为全开（图 7-65b）和闭合（图 7-65c）。

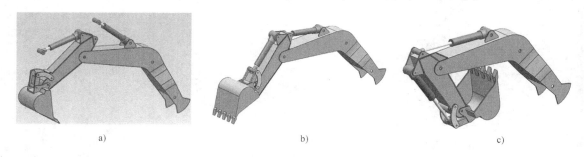

图 7-65　[例 7-9] 模型

a）挖掘机初始状态　b）全开状态　c）闭合状态

**解**：首先，对两个气缸"des02_excavator_hyd_cyl_assembly_1.prt"解包后，用鼠标右键单击"des02_excavator_fitting_2.prt"选择"替代位置"。根据装配约束得到图 7-66。

然后，用"移动组件"移动"des02_excavator_bucket.prt"得到期望的装配布置。

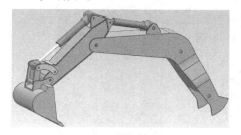

图 7-66　[例 7-9] 装配约束完成图

### 7.4.4　布置与组件抑制

NX 软件中通过不同布置可以控制部件/组件的抑制。具体通过 [例 7-10] 进行说明。

[**例7-10**]　对［例7-8］中的气缸建立两种布置，即"extend（延伸）"和"press（压缩）"后，在"extend"布置中对"des02_excavator_fitting_1.prt"组件设置"始终抑制"；在"press"布置中对"des02_excavator_fitting_1.prt"组件设置"从不抑制"。

**解**：首先，在装配导航器中，用鼠标右键单击需要抑制的对象，即"des02_excavator_fitting_1.prt"组件，如图7-67所示。

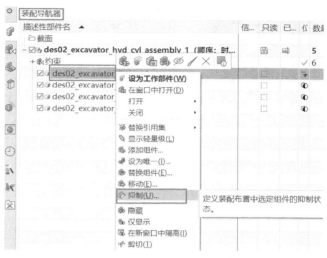

图7-67　［例7-10］中对需要抑制的对象选择"抑制"

其次，在弹出的图7-68所示的"抑制"命令对话框中，在"布置"栏选中"extend"，在"状态"栏中选择"始终抑制"，最后，再单击"确定"或"应用"按钮即可完成"extend布置"中始终抑制 des02_excavator_fitting_1.prt。

同理，可以在"抑制"命令对话框的"布置"中选择"press"，在"状态"栏中选择"从不抑制"，得到"press布置"中"从不抑制"组件，如图7-69所示。

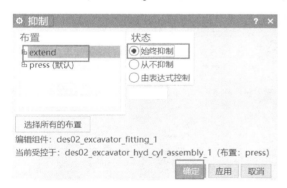

图7-68　"extend布置"中对组件始终抑制

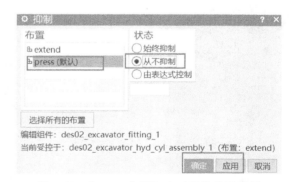

图7-69　"press布置"中对组件从不抑制

## 7.5　爆炸图

爆炸图是指产品的立体装配示意图或者是产品的拆分图，是三维 CAD 和 CAM 软件中的一项重要功能。在 NX 软件中，爆炸图功能只是装配模块中的一项子功能。

### 7.5.1　新建爆炸图

使用"新建爆炸图"命令可以在工作视图中新建爆炸，在其中重定位组件以生成爆炸。该命令在功能区"装配"菜单栏"爆炸图"下拉菜单中，如图7-70所示。

图 7-70　新建爆炸

需要注意的是爆炸图是一个组，没有对话框。

[例 7-11]　对图 7-71 所示的装配（素材-第 7 章-046.prt）应用"新建爆炸"命令。

解：1）打开素材-第 7 章-046.prt 文件，如图 7-71 所示。

2）在功能区"装配"菜单栏"爆炸图"下拉菜单中单击"新建爆炸"，系统弹出"新建爆炸"命令对话框。在该对话框中，按默认设置，并单击"确定"按钮，如图 7-72 所示。

图 7-71　[例 7-11]素材

图 7-72　"新建爆炸"命令对话框

3）"新建爆炸"命令效果如图 7-73 所示。（注意："新建爆炸"命令只是将当前的视图创建为一个爆炸视图，其装配中的各个零件本身没有什么变化。）

### 7.5.2　编辑爆炸图

通过编辑爆炸图可在 NX1847 中重新定位当前爆炸中的组件。首先，在"爆炸图"中选择"编辑

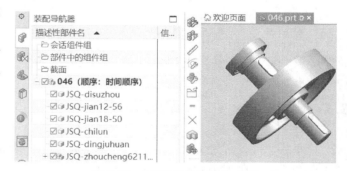

图 7-73　"新建爆炸"命令效果

爆炸"。然后，在弹出的"编辑爆炸"命令对话框中，选择要爆炸的对象，并单击"确定"或"应用"按钮即可。首先需要新建爆炸，编辑爆炸的图标才亮，才能选择，否则不能选择。

图 7-74 所示为 "编辑爆炸" 命令对话框。其中, "选择对象" 就是选择要编辑爆炸的对象; "移动对象" 就是去移动该对象, 需要指定距离; "只移动手柄" 需要指定移动的距离。

[**例 7-12**] 对图 7-75 所示的模型 (素材-第 7 章-047. prt) 应用 "编辑爆炸" 命令。

图 7-74 "编辑爆炸" 命令对话框

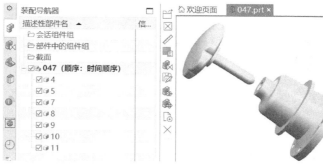

图 7-75 [例 7-12] 模型

**解**: 1) 打开素材-第 7 章-047. prt 文件, 如图 7-75 所示。

2) 在功能区 "装配" 菜单栏 "爆炸图" 下拉菜单中选择 "编辑爆炸", 弹出 "编辑爆炸" 命令对话框。在 "编辑爆炸" 命令对话框中单击 "选择对象", 如图 7-76 所示, 并单击 "应用" 按钮。

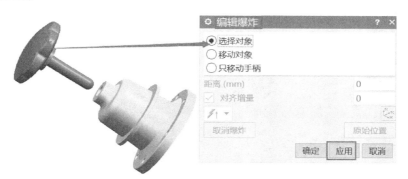

图 7-76 选择对象

3) 通过移动坐标动态来移动组件, 完成后单击 "应用" 按钮, 如图 7-77 所示。

4) 编辑爆炸图效果如图 7-78 所示。

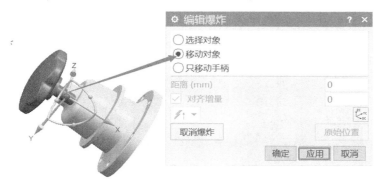

图 7-77 移动对象

图 7-78 编辑爆炸图效果

### 7.5.3　自动爆炸组件

在 NX1847 中，"自动爆炸组件"命令用于对创建的爆炸视图中的组件指定间隔距离。其入口在"装配"下拉菜单的"爆炸图"模块中，如图 7-79 所示。

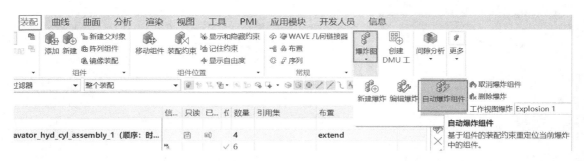

图 7-79　"自动爆炸组件"命令入口

图 7-80 所示为"自动爆炸组件"命令对话框。其中，"选择对象"即选择需要自动爆炸的组件。

[例 7-13]　对图 7-81 所示的装配（素材-第 7 章-048.prt）应用"自动爆炸组件"命令。

图 7-80　"自动爆炸组件"命令对话框

图 7-81　[例 7-13] 素材

**解：** 1）打开素材-第 7 章-048.prt 文件，如图 7-81 所示。

2）在功能区"装配"菜单栏"爆炸图"的"组件"组中选择"自动爆炸组件"，在弹出的"类选择"命令对话框中的"类选择"选择图 7-82 中所有七个组件，其余按系统默认，单击"确定"按钮，如图 7-82 所示。

3）"类选择"命令对话框设置好后，弹出"自动爆炸组件"命令对话框。在该对话框中"距离"中设置数值为 80，单击"确定"按钮，如图 7-83 所示。

4）最后，得到"自动爆炸组件"命令效果如图 7-84 所示。

图 7-82　"类选择"命令设置

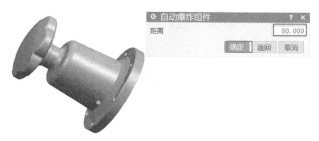

图 7-83　"自动爆炸组件"命令设置

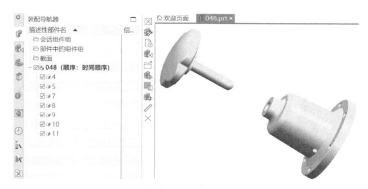

图 7-84　"自动爆炸组件"命令效果图

## 7.6　综合实例

通过综合装配实例过程可以更加清楚地了解装配命令的使用，以及约束类型之间的关系。

### 7.6.1　肘夹装配

[例 7-14]　根据素材-第 7 章-049.prt 的所有文件，装配图 7-85 所示的肘夹。

**解**：1）单击"文件"/"新建"，弹出"新建"命令对话框，在对话框中选择"装配"并设置文件名称_asm1.prt 和保存路径，完成后单击"确定"按钮，如图 7-86 所示。

2）新建 _asm1.prt 后，弹出"添加组件"命令对话框。在该对话框中单击"打开"右边的文件夹图标，弹出"部件名"命令对话框。

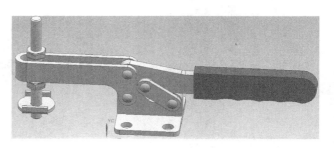

图 7-85　[例 7-14]装配效果图

在"部件名"命令对话框中，按照素材-第 7 章-049.prt 的路径，分别选择 1.prt ~ 8.prt 模型文件（以下分别称为模型 1~模型 8），并单击"OK"按钮，如图 7-87 所示。

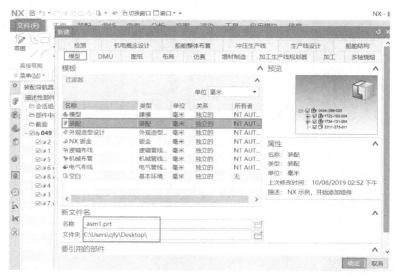

图 7-86　"装配"命令设置

图 7-87　选择添加组件

注意：在选择添加组件时，也可以一个组件选择一次。

3）在返回"添加组件"命令对话框中，单击"装配位置"下的"选择对象"，并将鼠标移动到合适位置，如图 7-88a 所示。然后，单击鼠标左键放置好选择的组件，完成后单击"确定"按钮，其余按默认设置，得到图 7-88b 所示的显示。

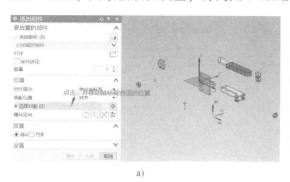

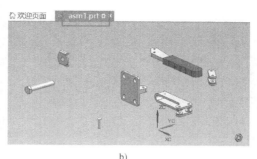

a)　　　　　　　　　　　　　　　　　　b)

**图 7-88　确认添加组件**

a）移动到合适位置　b）放置选中的组件

4）在"装配"菜单栏"组件位置"组单击"装配约束"，弹出"装配约束"命令对话框，在"约束类型"中单击"◎"图标。然后，在"要约束的几何体"中，分别单击模型 1、模型 2 的圆心部分，如图 7-89a 所示。最后，在"装配约束"命令对话框单击"确定"按钮后，得到图 7-89b 所示的装配模型。（模型 3~模型 8 依然在图形区显示，为了展示约束的过程，其他没有约束的装配暂时不截图。）

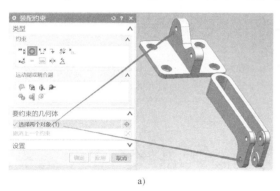

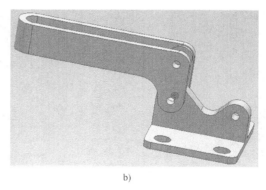

a)　　　　　　　　　　　　　　　　　　b)

**图 7-89　对模型 1 和模型 2 添加"同心"约束**

a）选择"同心"约束与约束对象　b）确认"同心"约束添加

5）与第 4 步相似的过程，分别对模型 1 和模型 3 添加"同心"约束。单击图 7-90a 中的"◎"图标，并确认添加同心的两个对象的圆；图 7-90b 所示为单击"确认"按钮后的装配效果图。

6）与第 4 步相似的操作过程，对模型 3 和模型 4 添加"同心"约束。单击图 7-91a 中的"◎"图标，并确认添加同心的两个对象的圆；图 7-91b 所示为单击"确认"按钮后的装配效果图。

7）与第 4 步相似的操作过程，对模型 2 和模型 5 添加"同心"约束。单击图 7-92a 中的"◎"图标，并确认添加同心的两个对象的圆；图 7-92b 为单击"确认"按钮后的装配

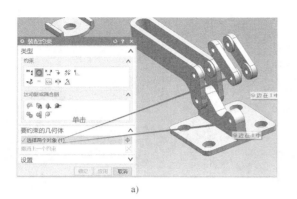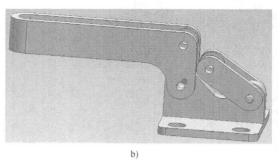

a)            b)

**图 7-90　对模型 1 和模型 3 添加"同心"约束**

a）选择"同心"约束与约束对象　b）确认"同心"约束添加

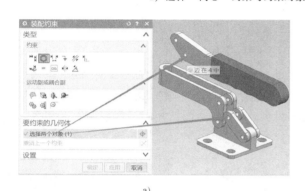

a)            b)

**图 7-91　对模型 3 和模型 4 添加"同心"约束**

a）选择"同心"约束与约束对象　b）确认"同心"约束添加

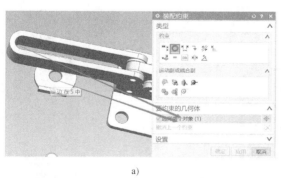

a)            b)

**图 7-92　对模型 2 和模型 5 添加"同心"约束**

a）选择"同心"约束与约束对象　b）确认"同心"约束添加

效果图。

8）与第 2 步中添加组件相似，再添加一个组件 5，得到图 7-93a 所示的效果图。与第 7 步相似的操作过程，对模型 2 和新添加模型 5 添加"同心"约束，效果如图 7-93b 所示。

9）单击"约束装配"弹出其对话框，在"约束类型"里单击"接触对齐"。然后分别

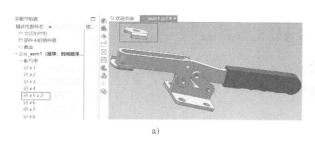
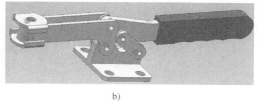

a)　　　　　　　　　　　　　　　　　　　b)

**图 7-93　对模型 2 和新添加模型 5 添加"同心"约束**

a) 添加新组件 5　b) 添加"同心"约束

单击模型 2、模型 6 的接触面部分，如图 7-94 所示。

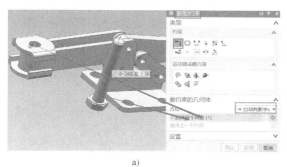
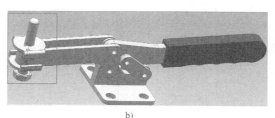

a)　　　　　　　　　　　　　　　　　　　b)

**图 7-94　对模型 2 和模型 6 添加"接触对齐"约束**

a) 选择"接触对齐"约束与添加约束对象　b) 确认"同心"约束添加结果

10）单击"约束装配"弹出其对话框，在"约束类型"里单击" "。然后分别单击模型 5、模型 6 的接触面部分，在对话框中"距离"上设置数值为 20，完成后单击"确定"按钮，如图 7-95 所示。

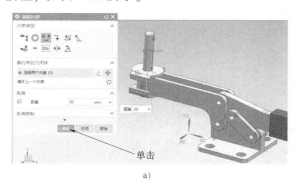
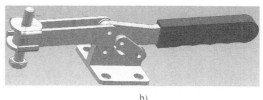

a)　　　　　　　　　　　　　　　　　　　b)

**图 7-95　对模型 5 和模型 6 添加"距离"约束**

a) 选择"距离"约束与添加约束对象　b) 确认"距离"约束添加结果

11）单击"约束装配"命令，在弹出的对话框中单击"同心"。然后分别单击模型 2、模型 7 的两个相关面的圆，如图 7-96 所示。

12）添加三个模型 7 的组件，并按照与第 11 步相同的方法分别给模型 7 和模型 2，两

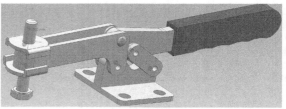

a)           b)

**图 7-96　对模型 2 和模型 7 添加"同心"约束**

a）选择"同心"约束与添加约束对象　b）确认"同心"约束添加结果

个模型 7 分别与模型 3 的两对孔添加"同心"约束，结果如图 7-97 所示。

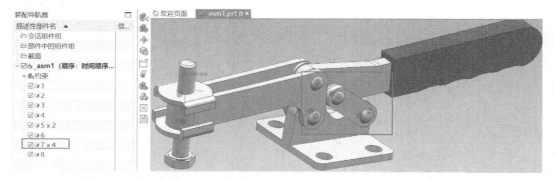

**图 7-97　对三个模型 7 分别与模型 2 和两个模型 3 的孔添加"同心"约束**

13）对模型 8 和模型 6 按照图 7-98 所示添加"同心"约束。

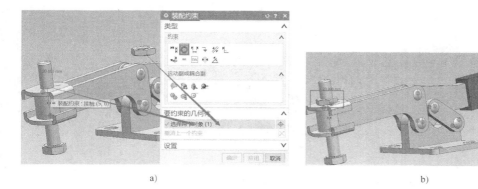

a)           b)

**图 7-98　对模型 8 和模型 6 添加"同心"约束**

a）选择"同心"约束与添加约束对象　b）确认"同心"约束添加结果

14）再添加一个模型 8，然后对模型 6 和新添加的模型 8 添加"同心"约束，效果如图 7-99 所示。

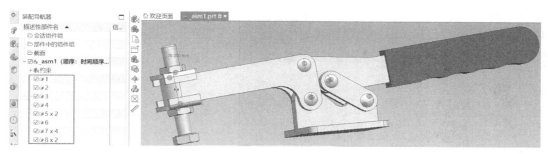

图 7-99　最终装配效果图

## 7.6.2　齿轮泵的装配

[例 7-15]　对图 7-100 所示的装配（素材-第 7 章-050. prt）装配齿轮泵。

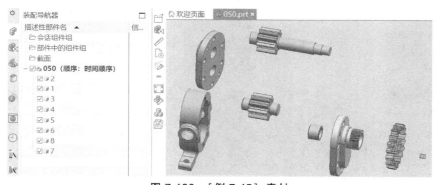

图 7-100　[例 7-15] 素材

**解**：1）打开素材-第 7 章-050. prt 文件，如图 7-100 所示。

2）在功能区"装配"菜单栏"组件位置"组单击"装配约束"，系统弹出"装配约束"命令对话框。在该对话框中单击"⊤"图标，固定模型 2，如图 7-101 所示。

a)

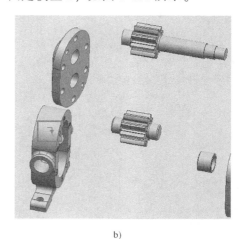

b)

图 7-101　固定模型 2

a）选择"固定"约束与添加约束对象　b）确认"固定"约束添加结果

3）单击"装配约束"命令，在"装配约束"对话框中选择同心，并对模型 1、模型 2 的相应圆应用"同心"约束，如图 7-102 所示。

a) b)

**图 7-102　对模型 1 和模型 2 添加"同心"约束**

a）选择"同心"约束与添加约束对象　b）确认"同心"约束添加结果

4）在"装配约束"命令对话框中，对模型 2 和模型 3 的相应圆应用"同心"约束，如图 7-103 所示。

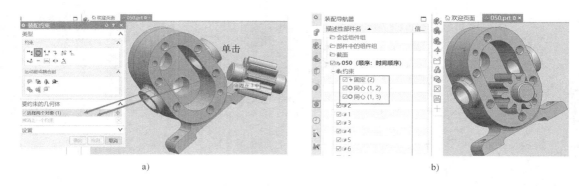

a) b)

**图 7-103　对模型 2 和模型 3 添加"同心"约束**

a）选择"同心"约束与添加约束对象　b）确认"同心"约束添加结果

5）对模型 1 和模型 4 的相应圆应用"同心"约束，如图 7-104 所示。

a) b)

**图 7-104　对模型 1 和模型 4 添加"同心"约束**

a）选择"同心"约束与添加约束对象　b）确认"同心"约束添加结果

6）对模型 4 和模型 5 应用"自动判断中心"的方式添加"接触"约束，如图 7-105 所示。

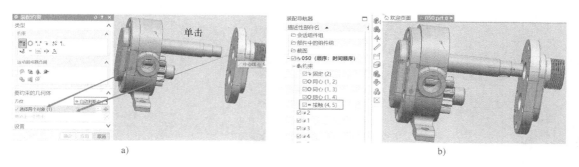

a)　　　　　　　　　　　　　　　b)

**图 7-105　对模型 4 和模型 5 添加"接触"约束**

a）选择"接触"约束与添加约束对象　b）确认"接触"约束添加结果

7）对模型 4 和模型 5 应用"距离"约束，且"距离"设置为 0，如图 7-106 所示。

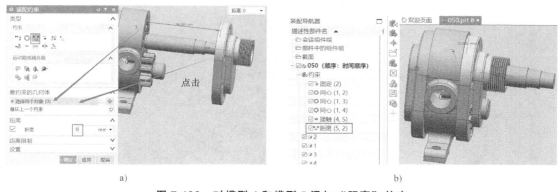

a)　　　　　　　　　　　　　　　b)

**图 7-106　对模型 4 和模型 5 添加"距离"约束**

a）选择"距离"约束与添加约束对象　b）确认"距离"约束添加结果

8）对模型 4 和模型 6 添加"对齐"约束，如图 7-107 所示。

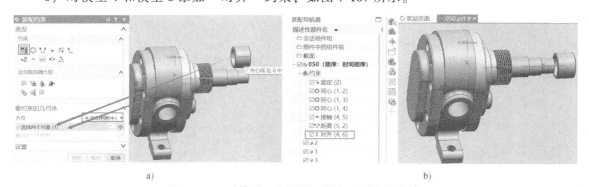

a)　　　　　　　　　　　　　　　b)

**图 7-107　对模型 4 和模型 6 添加"对齐"约束**

a）选择"对齐"约束与添加约束对象　b）确认"对齐"约束添加结果

9）对模型 4 和模型 6 添加"距离"约束，其中，"距离"设置为-2，如图 7-108 所示。

10）对模型 4 和模型 7 添加"同心"约束，如图 7-109 所示。

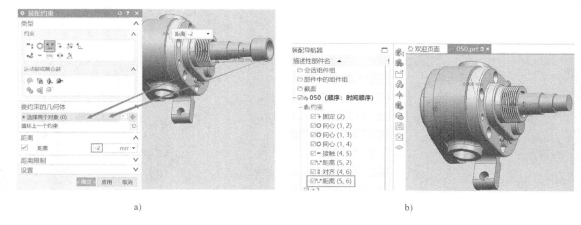

图 7-108　对模型 4 和模型 6 添加"距离"约束

a）选择"距离"约束与添加约束对象　b）确认"距离"约束添加结果

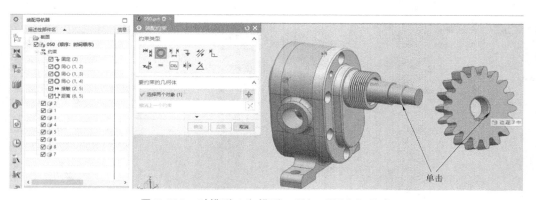

图 7-109　对模型 4 和模型 7 添加"同心"约束

11）对模型 7 和模型 8 添加"距离"约束，其中，"距离"设置为 0，完成后单击"确定"按钮，如图 7-110 所示。

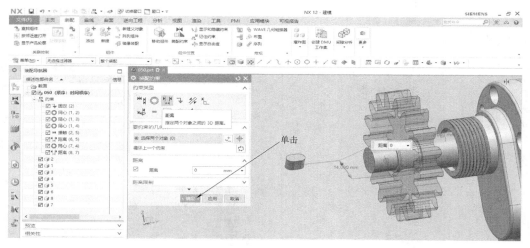

图 7-110　对模型 7 和模型 8 添加"距离"约束

12）对模型 7 和模型 8 添加"接触对齐"约束，其中，"方位"选为"首选接触"，如图 7-111 所示。

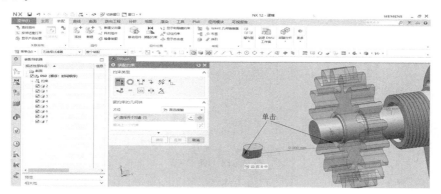

图 7-111　对模型 7 和模型 8 添加"接触对齐"约束

13）齿轮泵装配完成后，其效果图如图 7-112 所示。

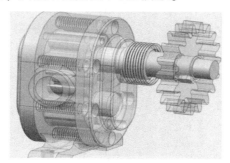

图 7-112　齿轮泵装配效果图

## 思考与练习题

1. NX 中装配加载的含义是什么？
2. 打开"第 7 章第 2 题 .prt"文件，将图 7-113a 中的零件装配为图 7-113b 中的效果。

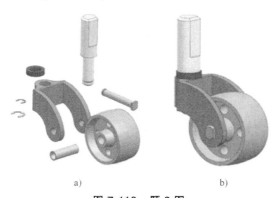

a)　　　　　　　　　　　　b)

图 7-113　题 2 图

a）装配前　b）装配后

3. 结合位置重载与装配排列，使"第 7 章第 3 题 . prt"文件中的装配显示为图 7-114a 和 b 所示两种姿态。

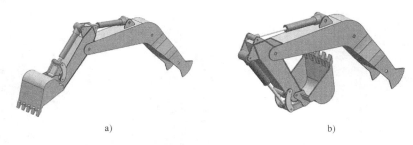

a)                                                                          b)

**图 7-114    题 3 图**
a）姿态 A    b）姿态 B

# 第8章

# 机械零件设计

螺栓和螺母是日常生活中常见的零件。本章主要讲述如何通过螺纹刀来创建螺栓和螺母。

## 8.1 螺栓设计

本节通过内六角圆柱头螺钉的创建来讲述螺栓的创建。内六角圆柱头螺钉创建的步骤如下。

1）画个草图（圆）并将其拉伸成圆柱。

2）用多边形在圆面上画一个六边形并将其拉伸。

3）将圆柱外边用"边倒圆"命将其边进行倒圆。

4）在圆柱另一面画一个圆，将其拉伸成圆柱。

5）用"螺纹刀"命令（详细的螺纹类型）将该圆柱配置成螺纹刀的效果。

[例8-1] 通过命令创建内六角圆柱头螺钉。

**解**：1）在 NX 软件中单击"文件"→"新建"，在新建对话框中选择"模型"并设置文件名称和保存路径，完成后单击"确定"按钮。

2）在建模页面下的"主页"界面的"直接草图"模块，选择"○"图标，即创建"圆"的命令。用圆心和直径方式创建圆，并将直径设为9，单击"确定"按钮，完成草图。

3）选择"拉伸"命令，且设置拉伸长度为6，对完成的草图拉伸，如图8-1所示。

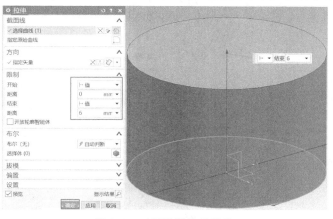

**图 8-1 对圆进行拉伸操作**

4）单击草图，以圆柱的拉伸起始面为参考建立草图。在直接草图区选择"多边形"命令绘制六边形。多边形的中心选为圆的中心点，其他参数设置如图 8-2 所示。

5）完成后单击"完成草图"。然后，对多边形进行拉伸，"拉伸"命令对话框选项设置如图 8-3a 所示，拉伸结果如图 8-3b 所示。

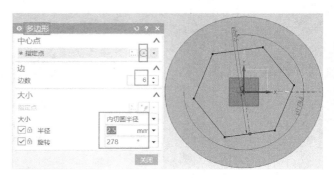

图 8-2　绘制六边形

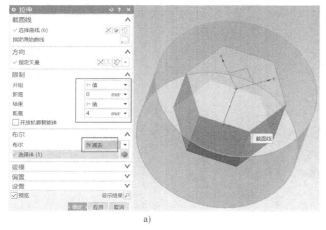

a)

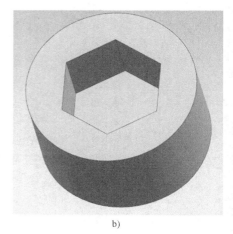

b)

图 8-3　拉伸多边形

a）拉伸设置　b）拉伸结果

6）选择"边倒圆"命令，对图 8-3b 所示的模型上表面的外边缘进行"边倒圆"操作，"连续性"选择"G1（相切）"，"形状"选择"圆形"，"半径 1"数值设置为 0.2，其余按默认设置，如图 8-4a 所示。"边倒圆"操作结果如图 8-4b 所示。

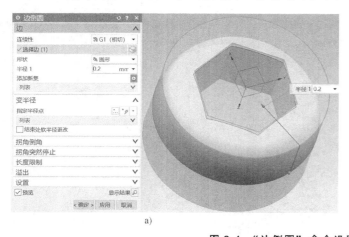

a)

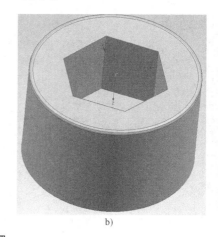

b)

图 8-4　"边倒圆"命令设置

a）"边倒圆"设置　b）"边倒圆"操作结果

7）在圆柱的另一面上绘制圆草图，设置圆的直径为6。然后，对圆做拉伸，距离设置为12，得到图8-5所示的效果。

8）在功能区中"主页"下"特征"模块中"更多"里面选择"螺纹刀"，并对"螺纹切削"命令对话框中的螺纹类型选择"详细"，在图形区单击要切割的圆柱，如图8-6a所示；然后，单击螺纹切削对话框中的"选择起始"将图8-6b中的面选择为起始；随后，单击螺纹切削对话框中"起始条件"选择"延伸通过起点"并单击"确定"按钮，如图8-6c所示；并在"螺纹切削"命令主对话框中，按如图8-6d所示进行设置。

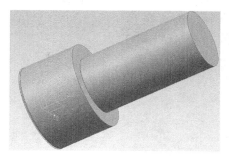

图8-5 拉伸效果图

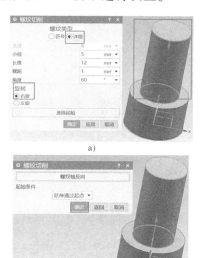

a)

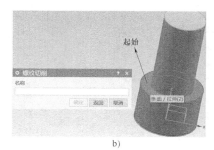

b)

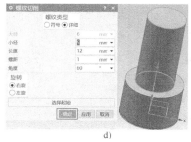

c)

d)

图8-6 螺纹切削过程

a）选择螺纹切削面 b）选择切削起始 c）确定起始条件 d）确定螺纹切削

9）单击图8-6d中"确定"按钮，得到图8-7所示的螺纹。

图8-7 "螺纹刀"命令效果图

## 8.2　螺母创建

螺母是与螺栓相匹配的零件，日常所用的螺母大多数是六边形。本节介绍六边形螺母的创建过程。

[例8-2]　通过命令创建螺母。

解：1）打开NX软件，单击"文件"并选择"新建"。在弹出的"新建"对话框中选择"模型"并设置文件名称和保存路径，完成后单击"确定"按钮。

2）在建模界面中单击"草图"，并选择"六边形"命令，将对话框中的边数设置为6，并按照图8-8所示设置"多边形"命令对话框。

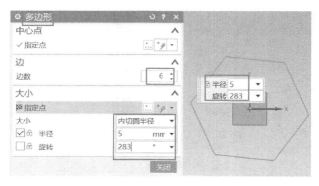

图8-8　绘制六边形

3）六边形绘制完成后，单击"完成草图"按钮，并对绘制的六边形进行拉伸，"开始"选择"值"，"开始距离"设计为0mm，结束方式选为"值"，"结束距离"设置为6mm，完成后单击"确定"按钮，如图8-9所示。

4）依次单击"菜单"→"插入"→"设计特征"→"圆柱"，在六边形的一个六边面上插入圆柱，如图8-10所示。

5）在"圆柱"命令对话框中，选择"轴、直径和高度"方式生成圆柱，指定矢量为六边形的拉伸方向，指定点选为六边形草图的中心，"直径"设置为11.5mm，"高度"设置为6mm。其余按默认设置，完成后单击"确定"按钮，如图8-11a所示，得到图8-11b所示的模型。

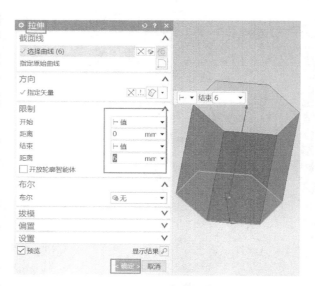

图8-9　对六边形拉伸

6）对圆柱倒斜角。具体边选择为圆柱起始边，横截面方式选为"对称"，距离设置为0.5mm，最后单击"确定"按钮，如图8-12所示。

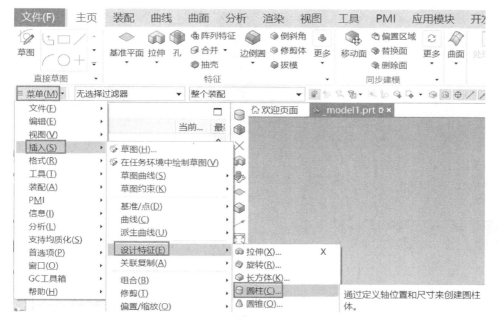

**图 8-10 插入圆柱**

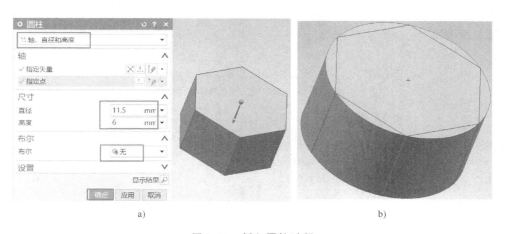

a)                                       b)

**图 8-11 插入圆柱过程**

a)"圆柱"设置 b)"圆柱"结果

7）将目标体选为圆柱，将工具体选为六边形拉伸体，应用布尔运算"相交"，具体过程如图 8-13 所示。

8）将六边形草图平面作为参考平面，设置基准平面，方式选择为"自动判断"，偏置距离设置为 3mm，距离和平面的方向如图 8-14a 所示。基准平面的制作结果如图 8-14b 所示。

9）设置镜像面。以建立的基准面

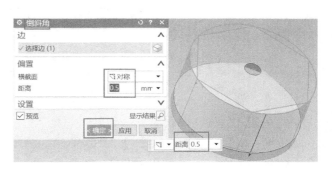

**图 8-12 对圆柱倒斜角**

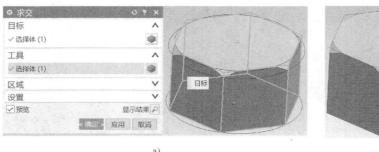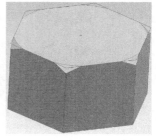

a)                                      b)

**图 8-13 将圆柱和六边形拉伸体相交**

a）求交设置 b）求交结果

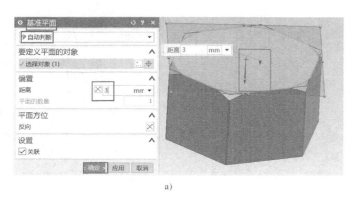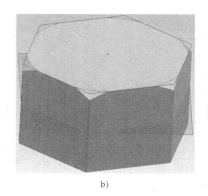

a)                                      b)

**图 8-14 建立基准平面**

a）基准平面设置 b）基准平面制作结果

为参考，对六个三角形面做镜像，具体如图 8-15 所示。

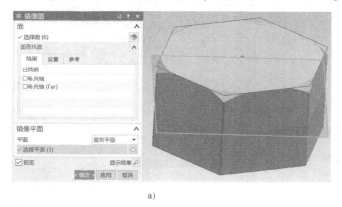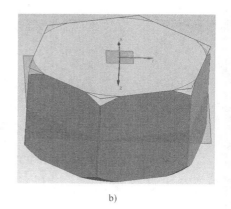

a)                                      b)

**图 8-15 建立镜像面**

a）镜像面设置 b）镜像面结果

10）插入圆柱。依次单击"菜单"→"插入"→"设计特征"→"圆柱"，打开"圆柱"命令对话框。制作圆柱的方式选为"轴、直径和高度"，指定矢量方向如图 8-16a 所示，指定点为圆心，直径设置为 5mm，高度设置为 6mm。布尔运算选为"减去"方式，其余按默认设置，结果如图 8-16b 所示。

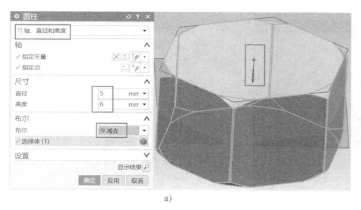
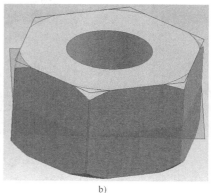

**图 8-16 插入圆柱**

a)"圆柱"设置 b)"圆柱"结果

11)制作螺纹。首先,选择"螺纹刀"命令,螺纹类型选为"详细",选择图 8-17a 所示的圆柱面为螺纹切削面,将大径设置为 6mm,长度设置为 6mm,螺距设置为 1.25mm,角度设置为 60°,旋转方式设为右旋,单击"选择起始"按钮,如图 8-17a 所示;在弹出的"新螺纹切削"窗口中将图 8-17b 中的面设为螺纹起始面;将起始条件设为"延伸通过起点",如图 8-17c 所示;在返回的"螺纹切削"命令对话框中单击"确定"按钮,如图 8-17d 所示。

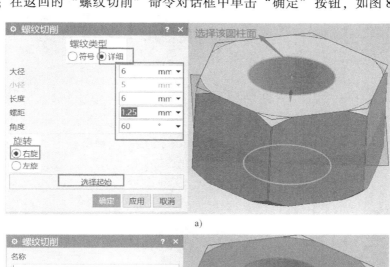

a)

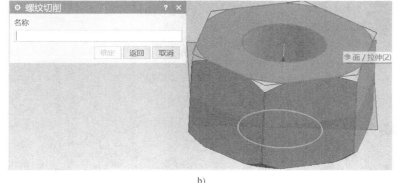

b)

**图 8-17 螺纹切削过程**

a)螺纹切削面选择 b)螺纹切削起始选择

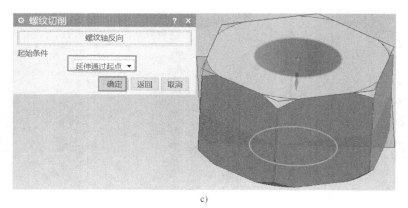

c)

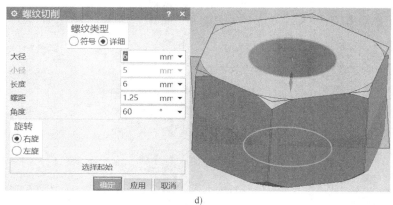

d)

**图 8-17  螺纹切削过程**（续）

c）起始条件选择    d）切削确定

12）隐藏相关草图和基准平面，最终得到图 8-18 所示的螺母。

**图 8-18  螺母效果图**

# 8.3  齿轮创建

齿轮是设备装配中必不可少的零件，也是日常生活中常见的一种模型零件，本节介绍齿轮创建过程。

[**例 8-3**]  通过命令创建齿轮。

**解：** 1）打开 NX 软件，单击"文件"并选择"新建"。在弹出的"新建"对话框中选择"模型"并设置文件名称和保存路径，完成后单击"确定"按钮。

2）在建模页面下的"主页"界面的"直接草图"组，选择"○"图标，即创建"圆"的命令。用圆心和直径方式创建两个同心圆，直径分别为 58 和 250，并单击"完成草图"按钮。

3）拉伸两个同心圆草图。截面线选择两个同心圆，"开始"和"结束"方式均选为"值"，"开始距离"设置为 0，"结束距离"设置为 60mm，其余按默认设置，并单击"确定"按钮，如图 8-19 所示。

4）在圆柱的一个表面上绘制与圆柱同心的两个圆，直径分别设置为 90 和 210，完成后单击"完成草图"按钮，如图 8-20 所示。

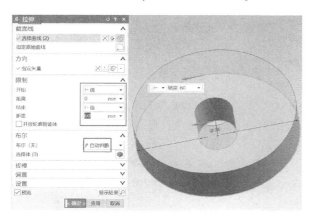

图 8-19 拉伸同心圆草图

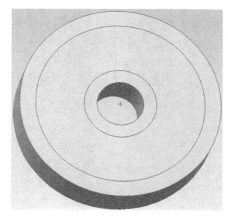

图 8-20 绘制同心圆

5）对绘制的同心圆做拉伸。在"拉伸"命令对话框中，截面线选择上一步绘制的两个同心圆，方向指向圆柱体内，"开始"和"结束"方式选为"值"，"开始距离"设置为 0mm，"结束距离"设置为 15mm，"布尔"运算选为"减去"，如图 8-21a 所示，拉伸结果如图 8-21b 所示。

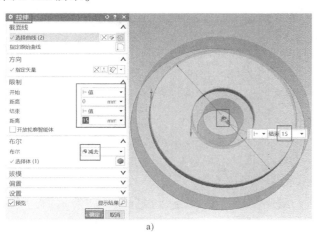

a)

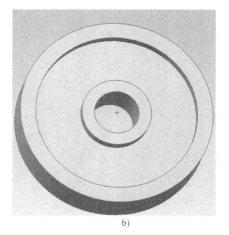

b)

图 8-21 拉伸同心圆

a) 拉伸设置 b) 拉伸结果

6）以同样的方法在模型的另一面上建模，第 4~5 步的建模完成后效果如图 8-22 所示。

7）在图 8-22 的表面上，以距离圆柱中心 75mm 的点为圆心，绘制直径为 25mm 的圆，完成后单击"完成草图"按钮，如图 8-23 所示。

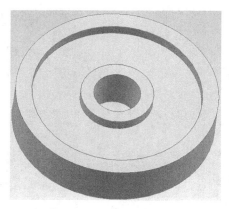

图 8-22　第二次拉伸同心圆结果

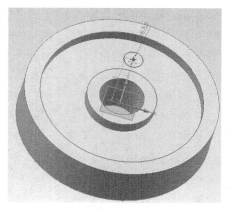

图 8-23　绘制直径为 25mm 的圆

8）将第 7 步中绘制的圆进行拉伸。拉伸的方向与距离设置如图 8-24 所示。在默认设置基础上，将距离上限设置为 45mm，"布尔"操作选为"减去"，完成后单击"确定"按钮，如图 8-24a 所示，"拉伸"结果如图 8-24b 所示。

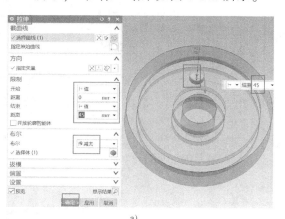

a)

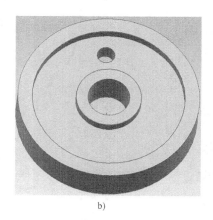

b)

图 8-24　拉伸直径为 25mm 的圆

a)"拉伸"设置　b)"拉伸"结果

9）选择"阵列特征"命令对第 8 步的拉伸进行阵列。选择"指定矢量"和"指定点"，"数量"设置数值为 4，"节距角"设置数值为 90。其余按默认设置，完成后单击"确定"按钮，如图 8-25a 所示，"阵列"结果如图 8-25b 所示。

10）在模型面上绘制齿轮槽，形状如图 8-26 所示。

11）对齿轮槽草图进行拉伸。拉伸的矢量如图 8-27 所示，面向实体；拉伸的"开始"和"结束"方式选为"值"，且"开始距离"设置为 0mm，"结束距离"设置为 60mm；"布尔"预算选为"减去"，其余按默认设置，完成后单击"确定"按钮，如图 8-27 所示。

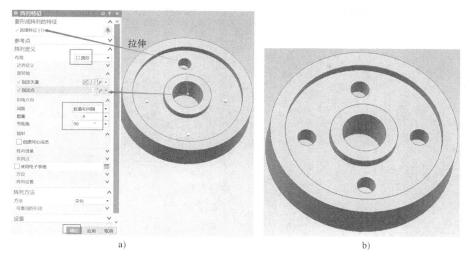

图 8-25 阵列特征

a) "阵列特征"设置 b) "阵列"结果

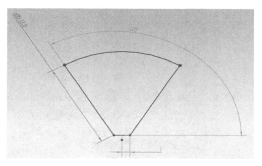

图 8-26 齿轮槽草图

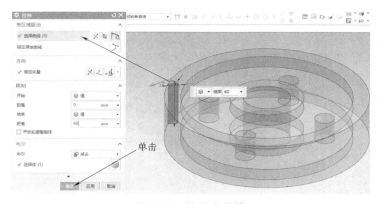

图 8-27 拉伸齿轮槽

12) 在齿轮模型上创建图 8-28 所示的键槽草图。

13) 对键槽曲线拉伸。在"拉伸"命令对话框中，矢量方向选择面向实体，拉伸"开始"和"结束"方式选为"值"，且"开始距离"设置为 0mm，"结束距离"设置为 60mm，"布尔"类型选择为"减去"，其余按默认设置，完成后单击"确定"按钮，如图 8-29 所示。

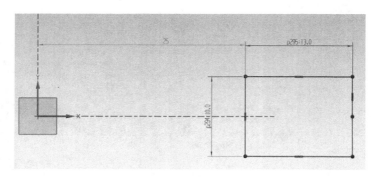

图 8-28　键槽草图

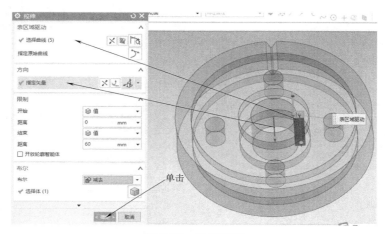

图 8-29　拉伸键槽

14）对凸边进行"边倒圆"操作。在"边倒圆"命令对话框中，边的连续性选"G1（相切）"，边选择图 8-30 中的四条凸边，边倒圆的"形状"选为"圆形"，"半径 1"设置为 2mm，其余按默认设置，完成后单击"确定"按钮，如图 8-30 所示。

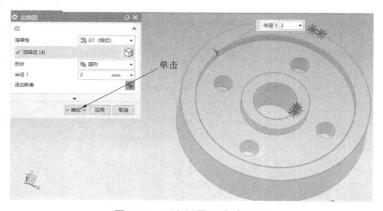

图 8-30　"边倒圆"命令设置

15）选择"阵列特征"命令对齿轮槽进行阵列。在"阵列特征"命令对话框中，要形成阵列的特征选为齿轮槽拉伸，"布局"选为"圆形"，旋转轴的矢量为垂直齿轮面的方向，

"指定点"为齿轮最大圆柱的中心点；斜角方向中间距选为"数量和间隔"，"数量"设置为 36，节距角设置为 10 度，完成后单击"确定"按钮，如图 8-31 所示。

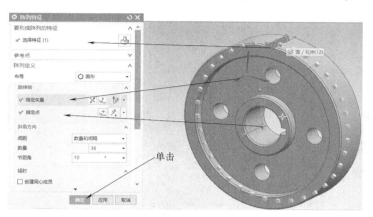

图 8-31 阵列齿轮槽

16）完成上述操作后，得到齿轮的最终形状如图 8-32 所示。

图 8-32 齿轮形状

## 思考与练习题

1. 简述螺栓的创建过程。
2. 简述螺母的创建过程。
3. 简述齿轮的创建过程。

# 第9章

# 工 程 制 图

在 NX 软件的图纸环境中，可以基于前面章节创建的三维模型快速创建二维工程图纸。本章将从 NX 软件工程制图概述、如何创建图纸、工程视图基本概念、如何在图纸中标注工程尺寸及做注释来介绍工程制图。本章最后将通过齿轮泵和直线轴承的工程图制造来详细说明实际中如何进行工程图纸的制作。

## 9.1 概述

在 NX 软件制图应用中，图纸和模型的关系分为两种：引用现有部件（又称为模型驱动）和独立的部件。引用现有部件流程中，基于三维模型快速创建二维工程图纸，把三维模型投影到二维平面上，建立的图纸与三维模型完全相关，即对模型做的任何改变可自动反映在图纸中。独立部件流程中提供以二维为主的制图工具及布局需求，使用户可以创建独立的二维图纸。

在 NX 软件中进行工程制图有以下优点：

1）支持即时的屏幕反映，减少了工程制图中的返工与编辑。

2）支持主要国家和国际制图标准，包括 ANSI/ASME、ISO、DIN、JIS、GB 和 ESKD。

3）基于模型的过程支持串行和并行的图纸创建。并行模式使制图员能够在设计人员处理模型的同时进行制图。

4）NX 软件提供了完全相关的工程图注释，且保持注释与模型的同步更新。

5）提供全面的视图创建工具，支持所有视图类型的高级渲染、放置、关联和更新要求。

6）支持独立流程中的二维到三维工作流程。可使用在工程制图中创建的二维曲线数据来派生出三维模型。

7）对图纸更新和大型装配图的可控性，可大幅度提高用户的工作效率。

在 NX 软件制图中，如果一个模型的变化会影响装配结果、下游模型与图纸的变化，则该模型称为主模型；同时，基于主模型变化的模型成为非主模型。NX 软件通过创建一个装配或非主模型零件（仅包含一个零件）来应用主模型概念。对主模型的编辑将在非主模型中更新。主模型概念允许多个设计流程在研发期间访问同一几何，具有如下的优点。

1）促进并行工程。使用主模型可以在几何构建期间开始下游应用程序，如制图、制造和分析。

2）下游用户不需要对几何具有写权限，以防止意外修改。

NX 软件中模型修改与工程图纸的更新如图 9-1 所示。

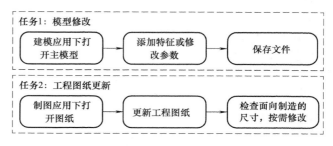

图 9-1　模型修改与工程图纸的更新

## 9.2　新建图纸

新建图纸有两种方式，第一种为直接新建图纸，第二种为通过"新建图纸页"命令创建。

1）直接新建图纸的方法：打开 NX 软件，单击"文件"→"新建"→"图纸"。在过滤器的关系中选择"全部"，单位根据需要选择毫米、英寸或者全部；在模板中，选择合适的模板，如默认的"A0++-无视图"；在新建文件名的名称部分输入图纸的文件名，在文件夹中选择图纸放置的位置；在要创建图纸的部件中，通过浏览器选择需要创建图纸的部件；最后，单击"确定"按钮，如图 9-2 所示。

图 9-2　直接新建图纸

2）在 NX 软件中"新建图纸页"功能用于在当前模型中新建一张或多张图纸。可通过在建模环境下单击"应用模块"→"制图"，如图 9-3 所示，进入制图环境。

进入制图环境后，单击"主页"→"新建图纸页"，弹出"工作表"，如图 9-4 所示。

图 9-3　从建模环境进入制图环境

图 9-4　"新建图纸页"命令

在"工作表"命令对话框中，"大小"可以选择"使用模板""标准尺寸"和"定制尺寸"三种，每种尺寸中有相应的纸张"大小"（可选择 A0～A4 之间任一种）和"比例"可以选择。"图纸页名称"中需要输入图纸的名称；"页号"表示第几页图纸；"修订"表示图纸的版本号。"设置"的单位有"毫米"和"英寸"两种单位选择；"投影"包括"第一角投影"和"第三角投影"两种方式。

可以看出使用"新建图纸页"命令可以进行如下操作：①基于模板创建图纸页；②设置标准图纸页的单位与投影方向；③创建客制化图纸页，可以设置高度、宽度、单位及投影方向；④为新图纸页指定名称、页号及版本名称。

[例 9-1]　创建图 9-5 所示模型的图纸页（素材-第 9 章-051. prt）。

**解：** 1）从建模环境进入制图环境。在 NX 软件中打开模型，单击"建模"环境下"应用模块"后，在"设计"组单击"制图"，如图 9-3 所示。

2）在制图环境中单击"主页"下"新建图

图 9-5　[例 9-1] 模型

纸页"。在弹出的"工作表"命令对话框中，按照默认设置，单击"确定"按钮，如图9-6所示。

3）进入"视图创建向导"命令对话框，在"部件"选项卡选择需要创建图纸的部件，其余按照系统默认设置，单击"下一步"按钮，如图9-7所示。

4）在"视图创建向导"命令对话框的"选项"中，按系统默认设置，单击"下一步"按钮，如图9-8所示。

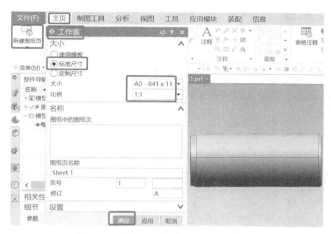

图9-6 选择"新建图纸页"命令

图9-7 "视图创建向导"命令对话框中的"部件"设置

选项中可以对图纸的显示进行一些调整，例如，是否处理隐藏线、是否显示中心线、是否显示轮廓线、是否显示视图标签及预览的样式。

5）在"视图创建向导"命令对话框的"方向"中，按系统默认设置，单击"下一步"按钮，如图9-9所示。

方向决定当前所获得的图纸是部件的哪一个视图方向，包括"俯视图""前视图""右视图""后视图""仰视图""左视图""正等测图"和"正三轴测图"。

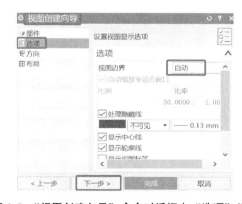

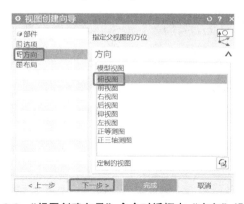

图9-8 "视图创建向导"命令对话框中"选项"设置　图9-9 "视图创建向导"命令对话框中"方向"设置

6）在"视图创建向导"命令对话框的"布局"中，按系统默认设置，单击"完成"按钮，如图 9-10 所示。

7）经过第 1~6 步，得到新建图纸页效果，如图 9-11 所示。

图 9-10　"视图创建向导"命令对话框"布局"设置

图 9-11　新建图纸页效果图

## 9.3　工程视图

工程视图主要是通过基本视图、投影视图、局部放大图、断开视图、剖视图等操作来创建视图，以及对模型工程视图进行编辑。

在制图应用中创建工程视图，可以完成以下工作。

1）基于模型视图或空视图，自动创建标准的正交视图。

2）创建所有符合标准的视图，包括详细视图、剖视图、局部剖视图和断开视图类型。

3）放置视图时预览和编辑视图。

4）使用关联或临时辅助线对齐视图。

5）使用自定义方向创建视图。

6）修改基本视图的视角。

7）从对话框、屏幕快捷菜单或部件导航器访问视图创建和编辑选项。

### 9.3.1　基本视图

基于模型的工程图流程，在图纸页放置的第一个视图被称为基本视图。基本视图基于零件或装配的模型视图创建，可以是单独的视图，也可以是其他视图的父视图。基本视图放置之前可预览、修改样式设置及重新定向视图。可以根据需要创建多个基本视图，可从外部零件创建基本视图。在 NX1847 中，基本视图只有在工程图视图模式下才能创建，用户创建的基本视图是一个二维视图。

[例 9-2]　创建图 9-12 所示模型的基本视图（素材-第 9 章-052. prt）。

解：1）在 NX 软件中打开模型，单击"建模"环境下"应用模块"后，在"设计"组单击"制图"进入制图环境，如图 9-13 所示。

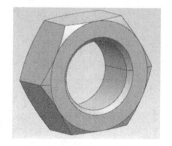

图 9-12　[例 9-2]模型

图 9-13　单击"制图"

2）在制图环境中单击"主页"下"新建图纸页"，在弹出的"工作表"命令对话框中，按照默认设置，单击"确定"按钮后，在弹出的"视图创建向导"命令对话框中单击"完成"按钮，如图 9-14 所示。

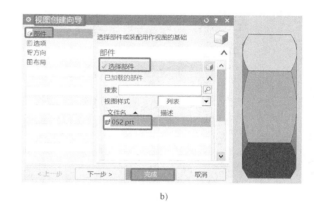

a)　　　　　　　　　　　　　　　　　b)

图 9-14　"视图创建向导"设置

a)"工作表"设置　b) 视图向导选择部件

3）单击"主页"视图模块下的"基本视图"。在弹出的"基本视图"命令对话框中，确定视图原点后，将要使用的模型视图选为"俯视图"，其余按默认设置，如图 9-15 所示。

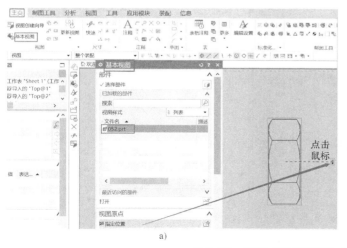
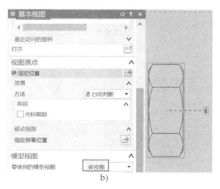

a)　　　　　　　　　　　　　　　　　b)

图 9-15　设置"基本视图"对话框

a) 选择部件与指定视图原点位置　b) 设置要使用的模型视图

在"基本视图"命令对话框中，"放置"中"方法"选项为部件所用视图的基本方向，包括"自动判断""水平""竖直""垂直于直线"和"叠加"五种方式。

"模型视图"决定此时模型使用的模型视图类型，包括"俯视图""前视图""右视图""后视图""仰视图""左视图""正等测图"和"正三轴测图"。

4）完成第3步后，弹出"投影视图"命令对话框，在绘图区中分别移动光标来设置其模型的视图，完成后单击"关闭"按钮，如图9-16所示。

在"投影视图"命令对话框中，父视图用于选择投影视图的对象；铰链线为投影的基准线。

5）单击"关闭"按钮后，"基本视图"命令效果如图9-17所示。

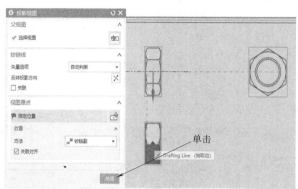

图9-16　"投影视图"命令对话框设置

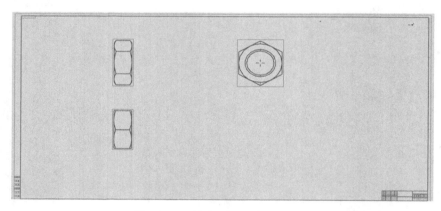

图9-17　"基本视图"命令效果图

## 9.3.2　投影视图

在NX1847中，"投影视图"命令是将复杂部件引入特定角度（投影角度）的模型视图到工程图纸中。"投影视图"命令对话框调出的步骤为：在功能区"主页"下"视图"模块中单击"投影视图"，如图9-18所示。

图9-18　"投影视图"命令入口

[例9-3]　创建投影视图（素材-第9章-053. prt），如图9-19所示。

解：1）在功能区"主页"下"视图"模块中单击"投影视图"，如图9-18所示，弹出"投影试图"命令对话框。

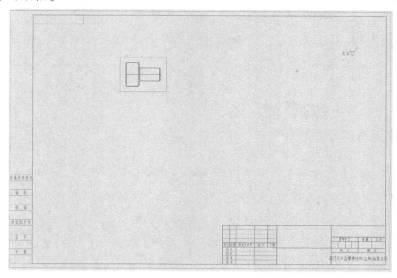

**图9-19　[例9-3] 素材**

2）在"投影视图"命令对话框，按图9-20a所示设置"父视图"的"选择视图"为图9-18所示的视图，"视图原点"的"指定位置"为光标在图形区的位置，在确定的位置单击后，得到图9-20b所示的第一个投影视图。

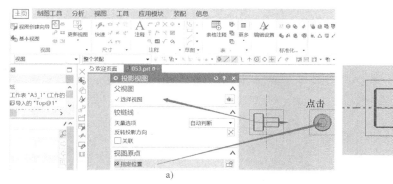

　　a)

**图9-20　第一个投影视图示例**

a）父视图选择与指定视图原点位置　b）示例效果

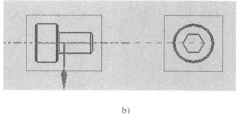

　　在"投影试图"命令对话框中，铰链线为投影的基准线；放置方法可以选择铰链副等。

3）按照与第2步中相同的方法，在"投影视图"命令对话框单击"关闭"按钮后，可以得到图9-21所示的"投影视图"命令效果图。

### 9.3.3　局部放大图

　　用"局部放大图"命令可创建一个包含图纸视图放大部分的视图。可在制图环境下，单击"主页"中

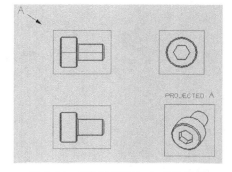

**图9-21　"投影视图"命令效果图**

"视图"模块中的局部放大图标" 🖉 "来调出"局部放大图"命令对话框，如图9-22所示。

图9-22  "局部放大图"命令对话框

[**例9-4**]  创建图9-23所示图样的局部放大图（素材-第9章-054.prt）。

**解**：1）单击"主页"中"视图"组中的局部放大图图标" 🖉 "来调出"局部放大图"命令对话框。

2）在"局部放大图"命令对话框中，选择创建"圆形"局部放大图，"边界"的"指定中心点"按照图9-24a所示设置，"边界"的"指定边界点"通过在绘图区拖动光标可确认边界，"父视图"为图9-23的视图；"原点"的"指定位置"由光标在绘图区中拖动来实现，"比例"设为"10∶1"，如图9-24b所示。

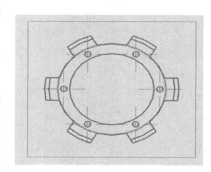

图9-23  [例9-4]素材

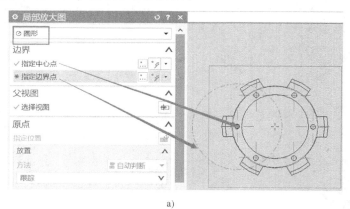

a)

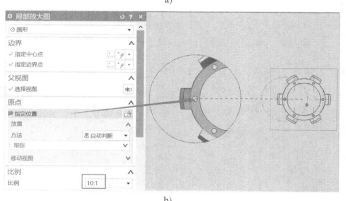

b)

图9-24  "局部放大图"命令设置

a）边界与父视图设置  b）原点与比例设定

3）完成第 2 步后，在"局部放大图"命令对话框中，单击"关闭"按钮后，"局部放大图"命令效果如图 9-25 所示。

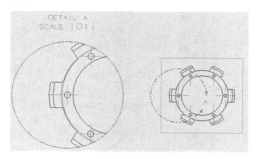

图 9-25 "局部放大图"命令效果图

### 9.3.4 断开视图

"断开视图"命令可用于将一个视图分为多个边界的断裂线。调出"断开视图"命令的步骤为：在功能区"主页"下"视图"模块中单击"断开视图"图标" "，如图 9-26 所示。

图 9-26 "断开视图"命令入口

[**例 9-5**] 创建"断开视图"（素材-第 9 章-055. prt），如图 9-27 所示。

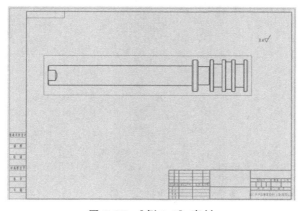

图 9-27 [例 9-5] 素材

**解**：1）在功能区"主页"下"视图"模块中单击断开视图命令图标" "，如图 9-26 所示，弹出"断开视图"命令对话框。

2）在"断开视图"命令对话框中，"类型"选为"常规"，"主模型视图"为图 9-28 中的方框。

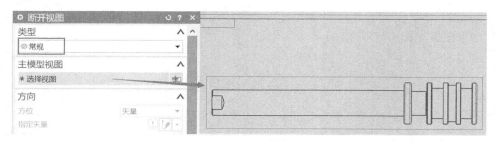

图 9-28　主模型视图设置

3）在"断开视图"命令对话框中，"方向""断裂线 1"和"断裂线 2"如图 9-29 所示设置。其中，"断裂线 2"的偏置设置为 30mm。

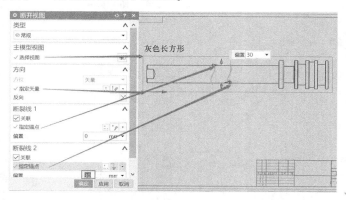

图 9-29　"方向""断裂线 1"和"断裂线 2"设置

4）在"断开视图"命令对话框中，单击"确定"按钮后，"断开视图"命令效果如图 9-30 所示。

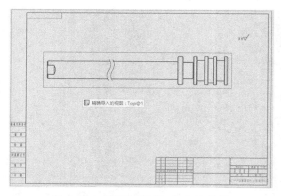

图 9-30　"断开视图"命令效果图

### 9.3.5　剖视图

"剖视图"命令可以从任何父图纸视图创建剖视图。该命令在功能区"主页"下"视图"中，图标为"　"，如图 9-31 所示。

图 9-32 为"剖视图"命令对话框。其中，"指定位置"为剖视图要放置的位置。

图 9-31 "剖视图"命令位置

[例 9-6] 创建剖视图（素材-第 9 章-056.prt，如图 9-33 所示）。

图 9-32 "剖视图"命令对话框

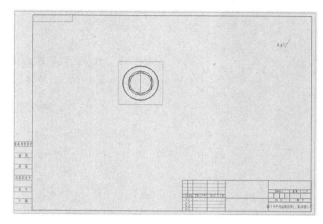

图 9-33 [例 9-6] 素材

**解**：1）打开素材-第 9 章-056.prt 文件，如图 9-33 所示。

2）在功能区"主页"下"视图"模块中单击图标" 图 "，弹出"剖视图"命令对话框。在该对话框中，按图 9-34 所示的指示"指定位置"。

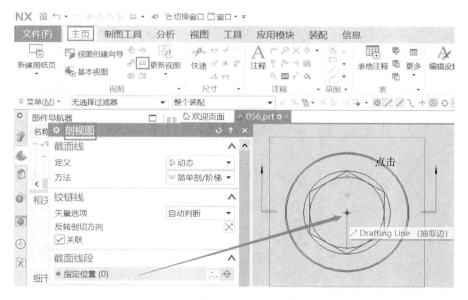

图 9-34 剖视图截面线段位置设置

3）截面线段位置设置好后，以正交方式，按图 9-35a 所示的方式确定视图原点位置。单击左键后，得到 9-35b 所示视图。

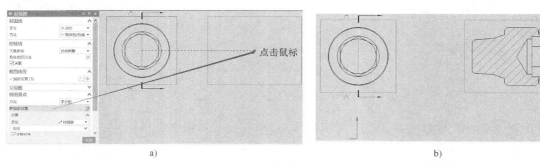

a)                        b)

**图 9-35　剖视图视图原点指定位置设置**

a）视图原点位置确定　b）视图原点位置确定后效果

4）在"剖视图"命令对话框中单击"关闭"按钮后，剖视图效果如图 9-36 所示。

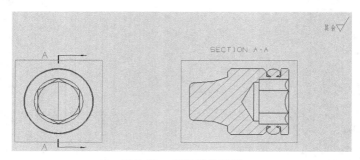

**图 9-36　剖视图效果图**

# 9.4　标注工程尺寸

工程尺寸标注主要包括线性尺寸、角度尺寸、倒斜角尺寸、厚度尺寸、弧长尺寸等操作，以此了解如何编辑模型的工程视图。

## 9.4.1　线性尺寸

在 NX1847 中，使用"线性"命令，可以在两个对象成点位置之间创建线性尺寸。该命令在功能区"主页"下的"尺寸"模块中，图标为" ⬚ "，如图 9-37 所示。

[例 9-7]　创建线性尺寸（素材-第 9 章-057.prt，如图 9-38 所示）。

**解**：1）打开素材-第 9 章-057.prt 文件，如图 9-38 所示。

2）在功能区"主页"下的"尺寸"模块单击线性命令图标，如图 9-39 所示。

3）在"线性尺寸"命令对话框中，分别选择右边框与左边框的中点为"第一对象"和

**图 9-37　"线性尺寸"命令位置**

"第二对象",其余按默认设置,如图 9-40 所示。

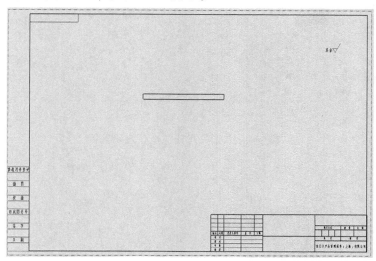

**图 9-38** ［例 9-7］素材

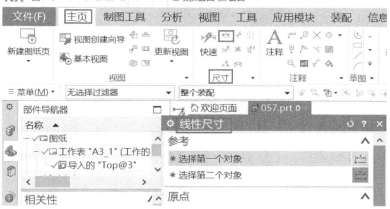

**图 9-39** 调出"线性尺寸"命令对话框

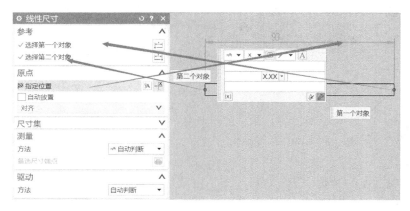

**图 9-40** 设置"线性尺寸"命令对话框

4）在"线性尺寸"命令对话框中，单击"关闭"按钮后，"线性尺寸"命令效果如图 9-41 所示。

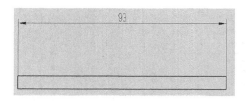

图 9-41 "线性尺寸"命令效果图

### 9.4.2 角度尺寸

在 NX 软件中，"角度"命令可以在两条不平行线之间创建角度尺寸，即创建以度为单位定义基线和非平行第二条线之间的角度尺寸。该命令在功能区"主页"下的"尺寸"模块中，图标为"∠"，如图 9-42 所示。

图 9-42 "角度"命令位置

[例 9-8] 创建角度尺寸（素材-第 9 章-058. prt，如图 9-43 所示）。

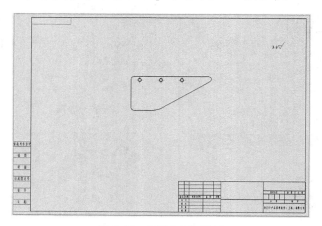

图 9-43 [例 9-8] 素材

**解**：1）打开素材-第 9 章-058. prt 文件。

2）在功能区"主页"下的"尺寸"模块单击角度命令图标"∠"，弹出"角度尺寸"命令对话框，如图 9-44 所示。

3）在绘图区中分别按图 9-45 所示设置"角度尺寸"命令对话框中的"选择第一对象"和"选择第二对象"，并单击鼠标放置尺寸的显示位置，其余按默认设置，如图 9-45 所示。

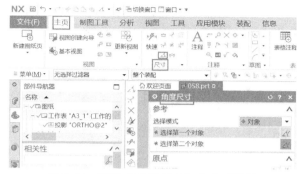

图 9-44 调出"角度尺寸"命令对话框

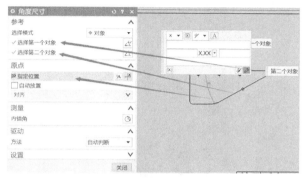

图 9-45 设置"角度尺寸"命令对话框

4）在"角度尺寸"命令对话框中，单击"关闭"按钮后，"角度尺寸"命令效果如图 9-46 所示。

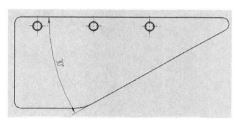

图 9-46 "角度尺寸"命令效果图

### 9.4.3 倒斜角尺寸

"倒斜角"命令可以在曲线上创建倒斜角尺寸。该命令在功能区"主页"下的"尺寸"模块，图标为" 〒 "，如图 9-47 所示。

图 9-47 "倒斜角尺寸"命令位置

[**例 9-9**] 创建倒斜角尺寸（素材-第 9 章-059.prt，如图 9-48 所示）。

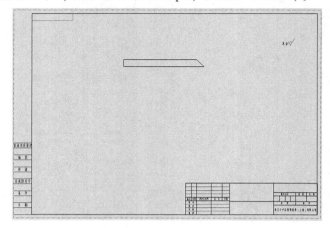

**图 9-48** [例 9-9] 素材

**解**：1）打开素材-第 9 章-059.prt 文件，如图 9-48 所示。

2）在功能区"主页"下的"尺寸"模块单击"倒斜角尺寸"命令图标" "，弹出"倒斜角尺寸"命令对话框，如图 9-49 所示。

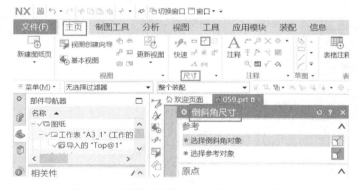

**图 9-49** 弹出"倒斜角尺寸"命令对话框

3）在绘图区中按照图 9-50 所示设置"选择倒斜角对象"与"选择参考对象"，其余按默认设置。

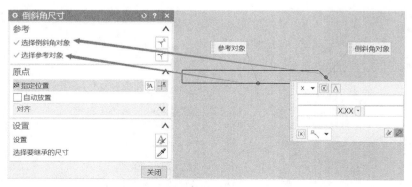

**图 9-50** "倒斜角尺寸"命令设置

4）在设置好"倒斜角尺寸"命令对话框后，单击"关闭"按钮，"倒斜角尺寸"命令效果如图 9-51 所示。

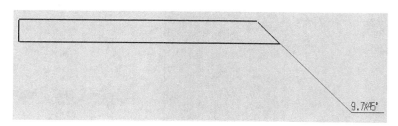

图 9-51　"倒斜角尺寸"命令效果图

### 9.4.4　厚度尺寸

在 NX 软件中使用"厚度"命令，可以创建厚度尺寸来测量两条曲线之间的距离，即测量出在第一条曲线上的点与第二条曲线上的交点之间的距离。该命令在功能区"主页"下的"尺寸"模块中，图标为" 〻 "，如图 9-52 所示。

图 9-52　"厚度尺寸"命令位置

［例 9-10］　创建厚度尺寸（素材-第 9 章-060. prt，如图 9-53 所示）。

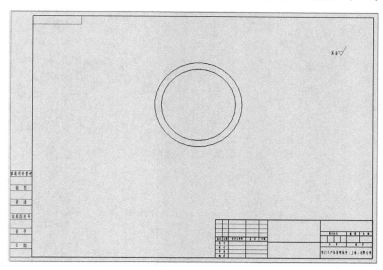

图 9-53　［例 9-10］素材

**解**：1）打开素材-第 9 章-060. prt 文件，如图 9-53 所示。

2）在功能区"主页"下"尺寸"模块单击厚度命令图标" 〻 "，弹出"厚度尺寸"命令对话框，如图 9-54 所示。

3）在绘图区按图 9-55 所示，设置"厚度尺寸"命令对话框中的"选择第一对象"和"选择第二对象"，以及"指定位置"，其余按默认设置。

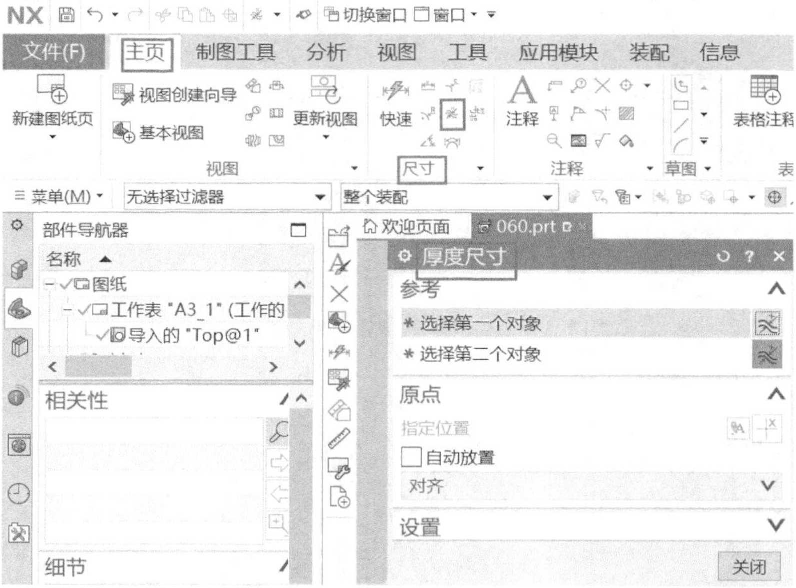

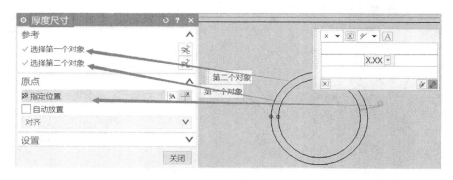

图 9-54 调出"厚度尺寸"命令对话框

图 9-55 "厚度尺寸"命令对话框设置

4）在"厚度尺寸"命令对话框中，单击"关闭"按钮后，"厚度尺寸"命令效果如图 9-56 所示。

### 9.4.5 弧长尺寸

在 NX 软件中使用"弧长"命令，可以创建弧长尺寸来测量圆弧的周长。该命令在功能区"主页"下"尺寸"模块中，图标为"$\bowtie$"，如图 9-57 所示。

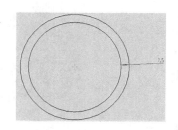

图 9-56 "厚度尺寸"命令效果图

[例 9-11] 创建弧长尺寸（素材-第 9 章-061.prt，如图 9-58 所示）。

解：1）打开素材-第 9 章-061.prt 文件，如图 9-58 所示。

2）在功能区"主页"下"尺寸"模块中，单击弧长命令图标"$\bowtie$"，弹出"弧长尺寸"命令对话框，如图 9-59 所示。

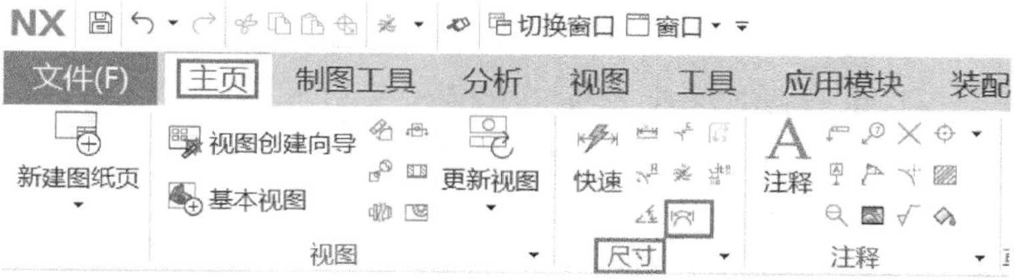

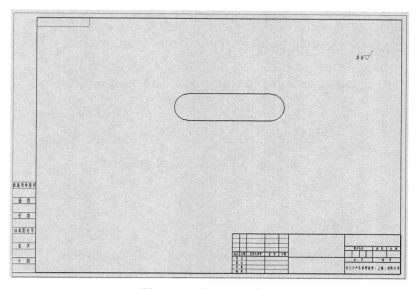

图 9-57　"弧长尺寸"命令位置

图 9-58　［例 9-11］素材

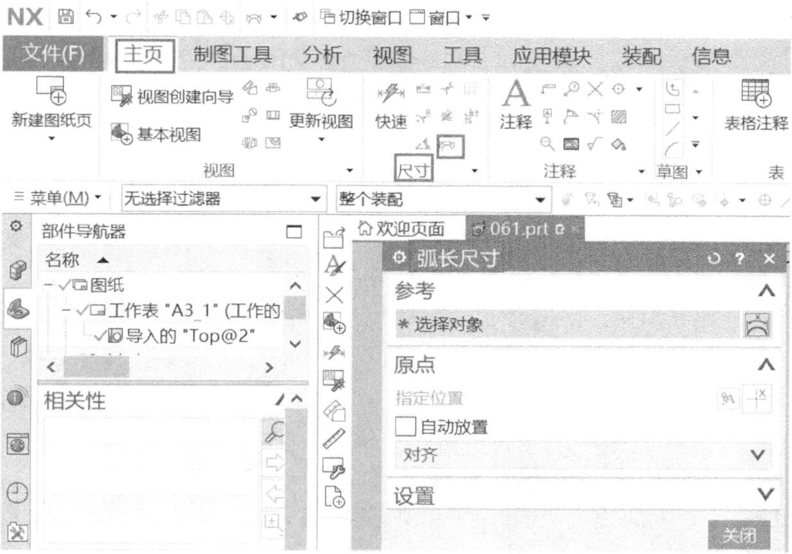

图 9-59　"弧长尺寸"命令对话框

3）在绘图区按图 9-60 所示设置对话框中的"选择对象"和"指定位置"，其余按默认设置。

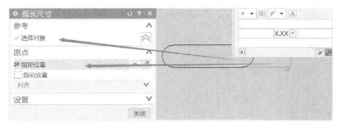

图 9-60 "弧长尺寸"命令对话框设置

4）在"弧长尺寸"命令对话框中，单击"关闭"按钮后，"弧长尺寸"命令效果如图 9-61 所示。

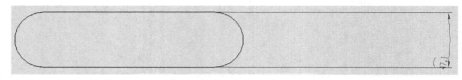

图 9-61 "弧长尺寸"命令效果图

## 9.5 注释

利用"注释"命令可以创建与编辑注释和标签。注释由文本组成，标签由文本及单个或多个箭头线组成。创建与编辑标签时，在文本框输入的字符可直接在图形区预览。

"注释"命令的位置在"主页"菜单栏"注释"模块，图标为"A"，如图 9-62 所示。

图 9-62 "注释"命令位置

图 9-63 所示为注释示例。"注释"命令可以实现以下操作：

1）控制注释与标签中任何字符的格式。

2）将客制化符号与自定义符号嵌入到注释与标签中。

3）将注释与表达式、部件属性及对象属性关联。当表达式或属性修改时，对应的注释与标签会自动更新。

4）从外部文件重插入文本。

5）也可将注释及标签的文本输出到文件。

图 9-63 注释示例

## 9.6 综合实例

通过工程图综合标注实例过程可以更加清楚地了解尺寸命令的使用，以及如何标注尺寸。

### 9.6.1 齿轮泵工程图

[例9-12] 通过命令编辑齿轮泵工程图（素材-第9章-062.prt，如图9-64所示）。

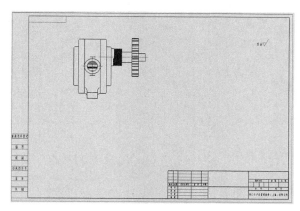

图 9-64　［例 9-12］素材

**解**：1）打开素材-第 9 章-062.prt 文件，如图 9-64 所示。

2）单击功能区"主页"中"视图"模块投影视图图标" "，在弹出的"投影视图"命令对话框中，按照图 9-65a 所示设置"父视图"中的"选择视图"和"视图原点"的"指定位置"。单击"确定"按钮后，效果如图 9-65b 所示。

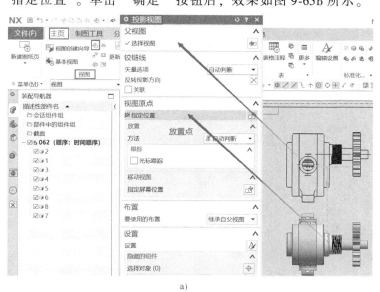

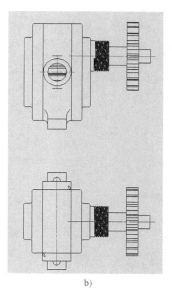

a)　　　　　　　　　　　　　　　　　　　　　　b)

**图 9-65　设置"投影视图"命令对话框**

a）设置"选择视图"与"指定位置"　b）"投影视图"命令效果

3）单击功能区"主页"中"视图"模块剖视图图标"██"，在弹出的"剖视图"命令对话框中，按照图9-66a所示设置"截面线段"中的"指定位置"；按照图9-66b所示设置"视图原点"的"指定位置"；单击"确定"按钮后，效果如图9-66c所示。

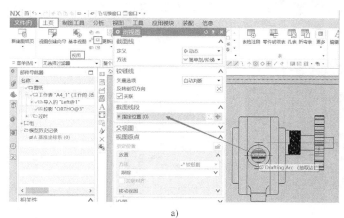

a)

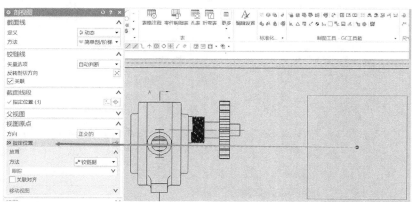

b)

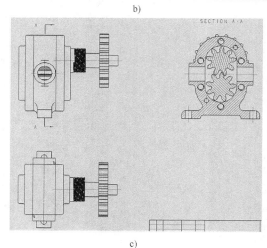

c)

**图9-66　设置"剖视图"命令对话框**

a）设置剖视图"截面线段"中的"指定位置"　b）设置剖视图"视图原点"的
"指定位置"　c）"剖视图"命令效果

4）单击功能区"主页"中"尺寸"模块快速尺寸图标"⚡"，快速编辑齿轮泵工程图，如图 9-67 所示。

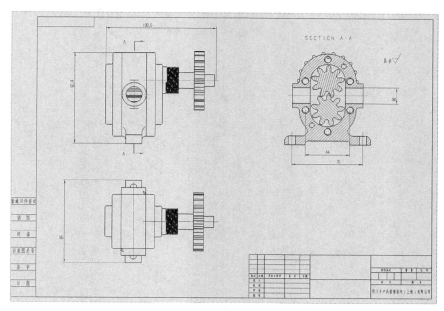

图 9-67　齿轮泵工程图

## 9.6.2　直线轴承工程图

[例 9-13]　对图 9-68 所示的文件通过命令编辑直线轴承工程图（素材-第 9 章-063. prt）。

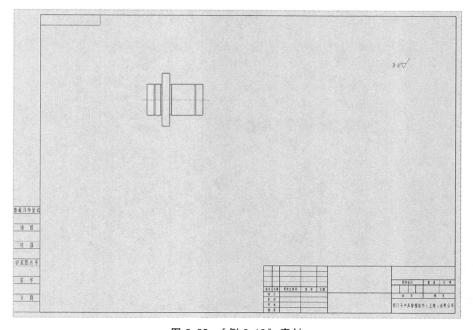

图 9-68　[例 9-13]素材

**解**：1）打开素材-第 9 章-063. prt 文件，如图 9-68 所示。

2）单击功能区"主页"中"视图"模块投影视图图标"🖼"，在弹出的"投影视图"命令对话框中，按照图 9-69a 所示设置"父视图"中的"选择视图"和"视图原点"的"指定位置"。单击"确定"按钮后，效果如图 9-69b 所示。

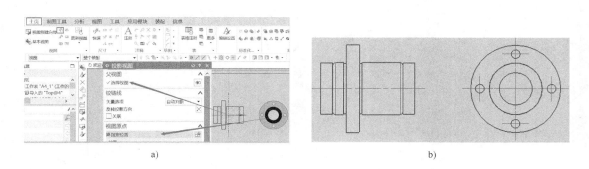

图 9-69　设置"投影视图"命令对话框

a）设置"选择视图"与"指定位置"　b）"投影视图"效果

3）单击功能区"主页"中"视图"模块剖视图图标"▥"，在弹出的剖视图对话框中，按照图 9-70a 所示设置"截面线段"中的"指定位置"；按照图 9-70b 所示设置"视图原点"的"指定位置"；单击"确定"按钮后，效果如图 9-70c 所示。

4）单击功能区"主页"中"尺寸"模块快速尺寸图标"⚡"。在"快速尺寸"命令对话框中，按图 9-71a 所示设置"选择第一个对象""选择第二个对象"及"指定位置"，其余按默认设置。在"快速尺寸"命令对话框中单击"确定"按钮后，效果如图 9-71b 所示。用相同的办法可以得到图 9-71c 所示的轴承工程图编辑效果图。

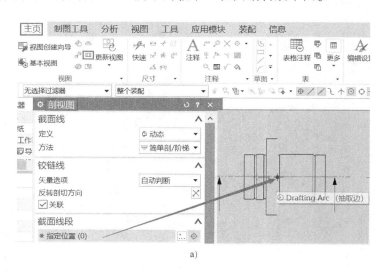

图 9-70　设置"剖视图"命令对话框

a）设置剖视图"截面线段"中的"指定位置"

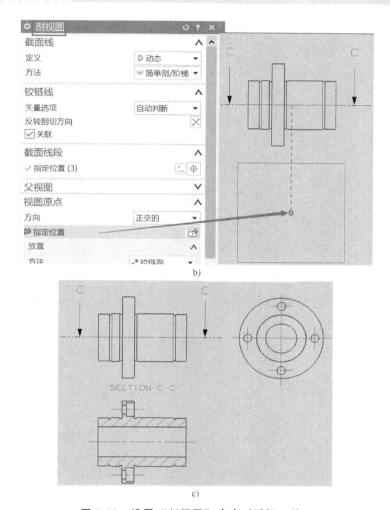

b)

c)

**图 9-70　设置"剖视图"命令对话框（续）**

b）设置剖视图"视图原点"的"指定位置"　c）"剖视图"命令效果

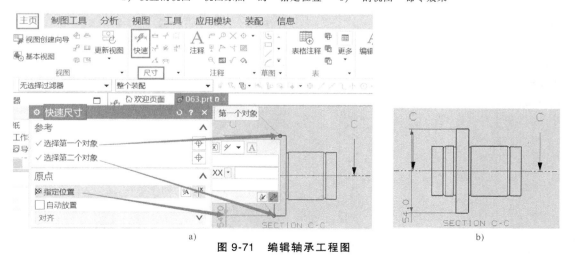

a)

b)

**图 9-71　编辑轴承工程图**

a）设置"快速尺寸"命令对话框示例　b）设置"快速尺寸"命令示例效果

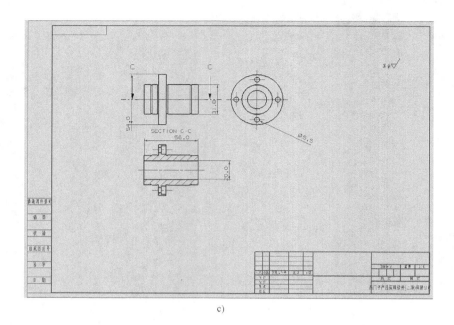

c)

**图 9-71　编辑轴承工程图（续）**

c）编辑轴承工程图效果

## 思考与练习题

1. 工程视图有几种类型？其含义分别是什么？

2. 对"素材-第 5 章-026. prt"的模型创建投影视图与局部放大图。

3. 对"素材-第 6 章-037. prt"的模型创建剖视图和断开视图，并添加线性尺寸。

# 参 考 文 献

［1］ 吴光强，张曙. 汽车数字化开发技术［M］. 北京：机械工业出版社，2010：12-16.

［2］ SIEMENS. NX 简介［Z/OL］.［20220216］. https：//www. plm. automation. siemens. com/global/zh/products/nx/.

［3］ 百度百科. Siemens NX 简介［Z/OL］.［20220216］. https：//baike. baidu. com/item/Siemens％20NX/1742932？fr＝aladdin.